博物学文化丛书
刘华杰　主编

博物罗曼史

[英]菲利普·亨利·戈斯　著
程　玺　译

内容提要

本书为博物学文化丛书之一。博物学是人类与大自然打交道的一种古老的适应于环境的学问，也是自然科学四大传统之一。研究博物学的方法不止一种，本书力求从美学的角度来呈现博物学。作者通过一系列的画面描绘和大量详实的素材，以生动的笔法描写出那些自然界中微小的、庞大的、狂野的、未知的事物，展现出对自然场景及其各种层面的观照，将博物学文化更加精致、生动地展现在读者面前，使读者在阅读时如同身临其境。

图书在版编目（CIP）数据

博物罗曼史 /（英）菲利普 · 亨利 · 戈斯
（Philip Henry Gosse）著；程玺译. —上海：上海交
通大学出版社，2018
（博物学文化丛书）
ISBN 978-7-313-19756-6

Ⅰ. ①博… Ⅱ. ①菲… ②程… Ⅲ. ①博物学–历史
Ⅳ. ①N91

中国版本图书馆CIP数据核字（2018）第160776号

博物罗曼史

丛书主编：刘华杰
著　　者：［英］菲利普 · 亨利 · 戈斯
译　　者：程　玺
出版发行：上海交通大学出版社
地　　址：上海市番禺路951号
邮政编码：200030
电　　话：021-64071208
出 版 人：谈　毅
印　　制：苏州市越洋印刷有限公司
经　　销：全国新华书店
开　　本：710 mm × 1000 mm　1/16
印　　张：17.5
字　　数：205千字
版　　次：2018年12月第1版
印　　次：2018年12月第1次印刷
书　　号：ISBN 978-7-313-19756-6/N
定　　价：98.00元

序

研究博物学的方法不止一种。有学究式的方法：追求准确的定义和分类，如博物馆里的皮骨一般干巴巴的数据；有田野观察者的方法：一丝不苟地收集生物生命周期里的种种信息，经手的都如清晨，森林或草场上的露水一样鲜活明亮的数据；此外，还有诗人的方式：他们透过自己特有的镜片观察自然美学的一面，他们研究的不只是数据，更是人们心中的情感——诧异、惊奇、恐惧、厌恶、仰慕、爱恋、渴望等，展露他们对周遭事物的深思。

我虽没有诗人的天分，但我游荡于博物学狂野天地的多年岁月里，总是萌发着某种诗人之心。正如华兹华斯的妙语所言：

对我而言，哪怕最平凡的花朵盛开
也能激起眼泪不能企及的深邃思索

本书力求从这一美学角度来呈现博物学。不是说，我要通过不断假设直接指出（仿佛剧场里的舞台说明，或讲话中的“你听，你听！”）被激发出的实际情感——这会过于武断鲁莽；相反，我力求描绘出一系列的画面，描绘出对自然场景及其各种层面的观照，让这些在我心中唤起诗情画意的内容自行发酵。

如果要冒昧指出一个尤其令我获益良多的主题，一个对我而言，超越了常规的辛劳和兴趣的主题，那就是本书的最后一章。我引述了大量证据，以便证实那种被惯称为“海蛇”的次神秘怪兽的存在。这些证据从未被如此集结过，或许可以为大部分疑问画下句点。只是，不确定的云雾依然笼罩着这一生物本身；关于它位于茫茫海洋中的家，在广阔的孤寂中的时隐时现；关于它的尺寸，其语焉不详的庞大身躯；关于它的样貌；以及它与一些被认为湮灭于远古时代的生物的可能关联。对于一个心怀浪漫的博物学家而言，所有这些属性令它备受珍视。如果统计学家们无法透过我的这副眼镜看待它的话，还望他们多多包涵。

本书的多数插图均由沃尔夫（Wolf）绘制，温珀（Whymper）刻板：这方面我不一一赘言了。

菲利普·亨利·戈斯（Philip Henry Gosse）
托基
1860 年

目　录 CONTENTS

第一章

光阴与季节

“凡事都有定期（即季节）”，而在其定期中，万物皆美好。冬天并非没有魅力，它有一种荒凉辽阔的威严。北极旅行者见证了王座上的凛凛寒冬，它是一位皇族的暴君。当水银在温度计中凝固，目光看向轮船外面无边无际的雪原，面对茫茫六个月的极夜，万籁俱寂，无声无息，那场面一定令人生畏。但这样的完美状态中也存在一种独有的荣耀与美丽。光彩夺目的明月在地平线上划下弧线；无以计数的脆亮晶体在白雪之上反射着她的光芒；繁星闪耀，射出异乎寻常的锐利光华。此外，还有绚丽的极光在紫色的苍穹中印出流光溢彩，时隐时现，仿佛守夜的天使在表演神秘的舞蹈，忽而在瑟瑟中射出白色的长矛和飞镖，忽而扬起火红色的大旗，转眼在苍穹中飞散开来，将下方洁白无瑕的雪原映成红色。我曾在千里冰封的纽芬兰和有过之而无不及的加拿大居住过多年，

曾多次目睹此类现象。同时，如诗人所呼唤的，每当

雪花飘落，寒风刺骨

隆冬与暗夜一同来临

我也见证了

意气相投的幽暗

志同道合的恐怖

当强风卷着厚重的雪花在空中疾驰，很快，一切地标都被暴风雪抹去，令仓皇无知的旅行者们在加拿大的旷野山间不知所措；或者在纽芬兰的海岸，当一场巨浪袭来，浮冰漫天飞舞，锐利如钢针，坚硬如石块，令所见之人惊惧不已，难以忘怀。

不过，冬天也有温柔和可人的一面，哪怕是这些被其暴政笼罩之地。经过一夜平静的大雪后，森林的面貌分外美丽，积雪的姿态亦是美不胜收。云杉和铁杉的横杈上托着厚如羊毛的积雪，仿佛一重重高悬的帷幕，而那些亮白的羊毛又会与暗淡的枝叶形成喜人的反差。

这边，它呈现轻微的起伏状，凹凸有致；那边，它构成细小的涟漪，如同海边的细沙；这边，它耸立如笔直的高墙；那边，它堆积如锥形的山丘；这边，它形成一道又长又深的沟渠；那边，它平展如高悬的圆桌。不过，积雪最迷人的一面还是要靠挂满蛛网的木屋茅舍来衬托。雪停后，或大或小的雪团附着在蛛网上，从梁木和墙上垂下，形状千奇百怪，为每一个角落装点着优美纯白的帘幕。

凝霜在窗户上留下了风雅的藤纹窗花，细小的利刃和锯齿般的剑锋分外美丽；更显精致的是映衬在黑暗背景中的放射状的六角星雪花。不过，在我看来，冬季的神奇之手所造就的一切美景中，再没有什么能与我在大西洋两岸的国家中经常目睹的一种现象媲美了——人们俗称的雨凇。当地表气温低于零摄氏度时，雨水会在触及物体的一瞬间冻结，每一滴雨水都会凝成冰，并越积越多，直到树干和枝杈上都覆盖上一层晶莹剔透的外壳，整个效果相当奇妙，仿佛置身于东方神话里的仙境之中。每一根枝杈，每一片树叶，每一片草茎，都供在了水晶宫中；整片森林都变成了透亮的玻璃，连松树和杉树上最细小的针叶也不例外。当雨过天晴，阳光洒下，何等的光彩夺目！光线经过树木间的反射，碎裂成为千万个碎片，闪耀，舞动。如此美丽，又如此脆弱。一只冒失的手轻摇树干，便可摧毁这一切——空中即刻布满如雨幕般飘落的晶莹碎片。咒语转眼便失效了，水晶的游行偃旗息鼓，眼前徒剩一棵落光叶子的褐色的树。

但所有这些都是死亡之美；而博物学家，尽管可能、也的确会欣赏冬天独特的可爱之处，但他们最向往的仍是开春的喜悦。他们急不可待，仿佛春天永远不会到来；终于，在四月末的一个清晨，阳光闪耀，万里无云，西南风缓缓吹来，他迈开脚步置身“乐土之中”。生命欣欣向荣：成群的云雀唱起甜蜜的颂歌，在耀眼明亮的空中翱翔；乌鸫在灌木林中啼鸣，好似吹笛；刚跨海而来的燕子兴高采烈地穿梭鸣叫；身披橄榄色翎羽的袖珍的林莺以及白喉在灌木丛的枝杈间如小老鼠般蹑手蹑脚地穿行；还有，哈！春之声中的佼佼者！那两个简单的音节，那穿透心灵的悸动，布谷鸟的啼啭！

还有蝴蝶。园子里常见的白蝴蝶在甘蓝丛中穿梭，茶色的蝴蝶在分隔草场的树篱边飞舞；娇弱的黄粉蝶跃过栅栏，落在一片樱草丛中，与花瓣难分彼此。在高地和开阔的丘陵上，可爱的小蓝蝴蝶生机勃勃地盘旋来去；零零落落的，有一些更小的红灰蝶（蝴蝶中最小的一种）摩擦着它们的小翅膀，或者朝太阳伸展开来，闪烁如一团团鲜红的火焰。

甲虫也以自己的方式焕发生机。虎甲虫及其闪亮的绿色翅匣机警而敏捷地从我们的脚步前飞过，数不清的虫子在盛放的榆树间盘旋，抓住一两只后，我们发现它们都是同一类；深蓝色的鼻血虫（Timarcha）正将其亮红色的汁液滴落在草叶之上；望向池塘，我们会看到各种微小的黑色、褐色、黄色的甲虫浮出水面，它们漂浮片刻，又匆匆返回水底。泥泞城堡中的蝾螈，它们愿意出来看一看这个世界，也愿意被世界看到；因为它们披上了春天的装扮，一副十足的假日美男子的模样：波浪形的衬衫搭配鲜红色的西服坎肩。另一边，青蛙在忙着产卵，播撒它们的珠串，同时不忘向世界高声宣示——尽管那腔调并不喜人。

溪流从冬雨的浑浊中解放出来，沿着光滑深邃、水草丰盈的河道流淌出了一片澄明，拟鲤和鲦鱼在人们的眼皮底下嬉戏，梭子鱼则半隐半现地趴在突出的河岸下方；水流在石头河床上破碎成晶莹的浪花，鳟鱼在池水间跳来跳去，斑驳的身躯展露无遗。

河边的柳树摇荡着低垂的柳絮，喜气洋洋，引来了千百只嗡嗡的蜜蜂，令岸边和斜坡上笑意盈盈的可爱花朵相形见绌。而这些花朵中最朴实的品种，乃是蒲公英和雏菊，毛茛和白屈菜，都成了冬之死寂与凄凉过后的掌上明珠。

“大地在她的膝上放满了自己的珍宝”，甚至“最卑微的盛放的花朵”，在张开的眼目面前，也仿佛衬托着一圈荣耀的光环。但其中的一些，基于独特的造型、颜色和习性，比其他品种更令我们心驰神荡。石蚕属婆婆纳蓝色的笑眼闪耀在每一道篱岸之上，谁会看到它，却能不会爱上它呢？那些盛开在大片灰白色花茎上的野生风信子，它的每一根花茎都戴着一串下垂的铃铛花冠；其间还点缀着高大茂盛的九轮草，如此相似，又如此不同，让空气中充满它们金色的美与甜蜜的芬芳，谁发现了它们，会不心醉神迷呢？谁看到蔓生的苔藓中香气四溢的紫罗兰，或牧草下的山谷百合，会不认为谦逊之心大大加持了它的美丽与价值呢？

在这片得天独厚的土地上，我们能感受到独特的喜悦之情——当我们看到大自然的面貌在冬天过后重现它的可爱之处，我们发现那个死寂的季节并没有那么决绝，它并未熄灭动植物的元气，可以说，大自然渐渐笑逐颜开，并最终迸发出满堂的欢笑——而更令人惊喜的是在加拿大这样的国家，春天，几乎转眼之间就带着它所有的魅力苏醒了过来，短短几天内，茫茫雪原就化身了，一天一天变得温暖、翠绿和娇艳。我带着钦慕之情看着那些褐色的黄杨树，如何快速冒出树叶，穿上了一身轻柔的黄绿色衣衫；枫树是如何迅速盖满了鲜红色的花朵；森林中那些五彩缤纷的花卉如何像雨后春笋一般，穿透枯叶，蓬勃盛开；蝴蝶和甲虫如何在一周前还欢快地嬉戏于白雪皑皑的岸边；而清净了几个月的灌木丛是如何爆发出千百只鸟儿银铃般的歌唱。在死寂的冬天过后，春天的第一句歌声带着独一无二的力量直击心灵，特别是在前文提到的那个国家，它会在一瞬间就涌现出一整套的交响乐。歌鸫是这场早春音乐会的歌唱冠军——小生灵的叫声宛转悠扬，一身的翎羽则毫不矜持。

所有这些迷人之处都取决于际遇与联想。可能有些东西是心理层面的，有些甚至取决于观察者的身体状况，还有季节本身的要素：春天让他变得更开放，更容易在对大自然的耳闻目睹中，感染愉悦之情。但很大程度上还取决于联想与反差：春意在此发挥着巨大的作用。万事万物都在诉说幸福；我们无法不与之共情。我们将生作为死的反义词，而我们的心智追寻着不朽。春天来了，而此前，春天不在，至少对我们而言是如此；这就是新意。我们在四月发现的千百种芬芳的紫罗兰并不比它初次现身时逊色丝毫。然而，春天的第一朵紫罗兰却有着日后所有紫罗兰加起来也没有的迷人之处。每逢听到布谷鸟的鸣叫，看到燕子的滑翔，我们都会心怀喜悦；但那第一只布谷鸟，第一只燕子，却能让我们产生独一无二的悸动[①]。

达尔文曾经如此描述澳大利亚的森林："树叶不会随着季节枯荣：这一现象在整个南半球都很普遍，比如南美洲、澳大利亚、好望角等地。由此，这个半球及热带地区的居民们就失去了目睹世界上最辉煌的一幕的机会，虽然我们已经习以为常，即干枯的树木从抽枝发芽到郁郁葱葱的快速转变。但他们可能会说，我们为此付出了深重的代价，即一连几个月，大地上只剩下裸露的骨架。这一点无可否认；但是，我们的感官获得了一种对于春之葱郁的热切贪求，而那些居住在热带的人们全年都能饱览炙热气候中的绚丽产物，因而永远无法体会我们的感受。"

与此相近的是，在我们的童年和青少年时期，总是透过玫瑰色的大气层观看着自然中的一切；对我们而言，知更鸟胸膛上的一抹红色是最为鲜艳的，黑刺李和黑莓则是美味的水果。我们如此热爱自然——曾

---

①《博物学家的旅程》(*Nat. Voy.*)，(1852 年编辑)，第 433 页。

经求爱之人，永远无法停止爱她。以至于，我们不禁会意识到，如华兹华斯写就的最尊贵最美丽的诗歌《颂歌》中所描述的那种不可名状的悲哀，“岁月带来了不可避免的轭”——当然，拒绝一切，只拥抱一个诗意的梦，这正是他的根基理论：

曾经，草地、树林、溪流
大地，每一个寻常的景象
在我眼中都仿佛
如沐天光
包裹着梦的荣耀与鲜明
然而物是人非，往事如昨
如今，不论我看向哪里
无论夜晚或白天
曾经的历历在目都成了过眼云烟
彩虹来来往往
玫瑰光彩可人
月亮喜悦
月光闪耀，天空就一片荒芜
星光璀璨的夜晚
溪水就美不胜收
阳光是荣耀的诞生；可我知道，不论我走到哪里
有一层荣耀已经永远从大地上消失了

夏天，带着生命的一切绚丽与丰饶，也有其自身的迷人之处。同

样，秋天也不乏令我们共鸣的独特气质，总是无法摆脱某种伤感，因为我们知道，这个季节代表着年龄的衰朽，死亡已迫在眉睫。春天，满目都是希望；秋天，满目都是遗憾：春天，我们展望生命；秋天，我们预习死亡。

不过，森林国度的秋天却会呈现一种辉煌之美。在这方面，北美独领风骚，每年十月，阔叶林的枯叶会装扮上无比灿烂的色彩。每一片森林都闪耀着各不相同的色泽；亮丽的大红色、紫色、鲜红色、胭脂红、黄色、褐色和绿色：当我们站上悬崖或山巅，俯瞰一大片森林，丰富的色彩会在我们目力所及之地铺展开来；浮云在广阔的森林上方投下阴影，一会儿让某处的色调暗淡下来，一会儿哗地释放出全部的光线；一片片的常绿树丛（铁杉或云杉）点缀在林间，成为整幅画的暗影，成为绚丽色彩的陪衬；整片森林仿佛一座由五彩缤纷的花朵组成的巨大花坛[①]。

凝视着广大无边的绚丽色彩，我发现其中很大一部分都源于糖枫和其他种类的枫树。这些树叶展现出各种各样的红色，从最深的猩红到最浅的橘红。这些树叶基本都成片出现，并没有单独游离的叶子，从而绝不会显得俗丽小气；相反，当艳阳毫无阻隔地洒在它们上方，那些温暖、闪耀的色彩会显出一种宏大与壮美。黄杨树的叶子通常是深红色的；榆树是亮丽的金黄色；桦树和榉树是清浅素净的赭黄色；桉树和椴树是各种各样的褐色；北美落叶松是一种淡黄色。榉树、桉树和北美落叶松往往不会在这场耀眼的庆典中有太多表现——桉树的叶子此时则已经基本掉光了，在另外两种树还没怎么开始枯败之

① 《登山杖》（*Alpenstock*），第 162 页。

时，它们的荣耀已经逝去。的确，与其加入普天之下的变化，榉树那夺目的绿色反倒更加醒目；连阴郁暗沉的树脂木也会释放出更鲜艳的色调，而不会悄无声息。这样的美景并非年复一年一成不变：有些年月，红叶没有那么华美，色彩会有些许浑浊，呈现不通透的褐色；过早下霜似乎亦会影响红叶的形成；而即便在鼎盛期，它也不过是一种忧郁的华丽，一种迫在眉睫的消亡先兆，类似于古代的异教巫师们在祭祀动物的身上装饰的彩带与花环。

在北方的大风中
树木失去了夏天的发辫
秋天的树林遍布山谷
披上了一身的荣耀
大山张开宽广的臂膀
环抱着缤纷的风光
仿佛一群群高大的国王，紫色的、金色的
守卫着狂喜的江山

——布莱恩特

我们可以看到，在加拿大和美国北部，当所有这些短暂的壮丽消失之后，当树木落尽了叶子，总会出现几天最温暖怡人的日子，被当地人称为印第安夏日。那几天里，空气中有种特别的朦胧感，尽管被薄雾遮蔽地稍显暗淡，却仿佛一股轻烟辉映在明亮的阳光下，空中往往没有一丝微风。我曾提到一个有趣的状况，即大量昆虫会在此时复苏。美丽的蝴蝶蜂拥在落光叶子的树上；大群的飞蛾在杂草和灌木丛间舞动，各种小虫子在森林边的腐叶上欢快地跳跃。接下来会出现短暂的冬令气候，以将其隔绝在自身的路线之中。

拉特罗布描述的阿尔卑斯山同一季节的景象相似，或许可以跟美洲对照来看：

“11 月初，我抵达讷沙泰勒时，葡萄的收获期已经结束，葡萄园不久前还欣欣向荣，如今却一派褐色，瘫软在山麓和湖边，不堪入目。城镇周边的林木，肖蒙山陡峭的山野里的灌木，依然点缀着华丽却转瞬即逝的生机，只需一个凛冽而不动声色的霜夜，或几个小时的暴风雨，便会将之完全熄灭。

在秋天最后几日的宁静中（这种宁静往往会穿插在恶劣天气与霜降之间），天气变得很奇怪。大自然的面目依然明媚、鲜艳而美丽；森林依然守护着色泽，太阳将温暖澄澈的光线洒在花朵和上了色的叶片之上。

随后，壮美的秋之落日会合上短暂的白天；夕阳映着此地的湖光山色，那景象令人心醉神驰。红彤彤的大太阳散发出富丽的光泽，将山林中的百千色调熔为一炉，其光辉的洪流染红了头顶的天和脚下的湖，阿尔卑斯山上的积雪闪耀如熔化的铁矿石。我静静看着这一切，胸中热血沸腾。

短短几日后，狂风呼啸着穿过松林，穿过山麓，摇撼着繁茂的树叶，让湖面掀起波澜，使天幕间升起一股浓重的雾霭，收窄了白日的地平线，熄灭了夜晚的繁星。”①

每天的不同时段，清晨、正午、傍晚、深夜，都有独特的自然现象，各有千秋。我是个习惯早起的人，总是带着热切的贪欲，享受每一

---

① 拉特罗布（Latrobe），《登山杖》（*Alpenstock*），第 162 页。

天序幕的拉开和生命的苏醒。在我投身博物学的年轻岁月里，曾用纽芬兰的昆虫满怀热情地追求一位熟人。我经常会在六七月份的早晨天光初露时起床，前往距城镇一两英里的一个荒凉但可人的地方。那是一座山间池塘，或者说山脚下的湖泊，名叫小小河狸池塘（Little Beaver Pond）。我会在起风前抵达那里，那个季节往往日出后才会起风。如今回想起那里的风景和静谧之美，依然历历在目。黑暗、平静、玻璃般的池水在我脚下沉睡，波澜不兴的水面仿佛一面完美的镜子，倒映出了高耸的黑暗山峰上的每一株树和灌木。向东延伸，能看到另一些池塘，点缀在幽暗的山坡之间，以银链般的水道相连——这是纽芬兰的典型风貌；在更远处的两座高峰之间，你能感到大海正在清晨狭长的乌云下静静沉睡。

除松树和杉树外，还有一些低矮的树木，忧郁暗淡，一动不动；山坡上耸立着几株白桦，此外还有一两株野樱；柳树悬在水面上方，灌木丛生，相互缠绕，构成了一片茂盛芬芳的园地。湖边生满了软绵绵的沼泽苔藓，还有几种杜香和山月桂，在微风吹拂下香气四溢。对面山中传来鹬鸟千篇一律的、低沉以至哀伤的鸣叫，偶尔有一只急促地拍打起短小的翅膀，飞过水面，而它的出现非但没有削弱、反而强化了天地间的宁静。远处，麻鳽立在一片灌木的阴影中一动不动，仿佛一尊石像，在脚下的浅水中映出完美的倒影，使眼前的景象显得愈加幽静。

但此刻，咒语被打破了；近乎压抑的宁静和沉寂被击穿；东方的云霞染上了越来越红的色泽，天空沐浴在愈发浓烈的金光之中。海面上倒映出光彩夺目的红日；大自然苏醒了；风开始吹过峡谷，一层层涟漪划过湖面；压迫着森林的寂静消散了；牛的叫声隐约从远处的居民点传来；鸦群呱呱着飞过头顶；几十个细小的喉咙加起来，用高高低低的鸣叫，组成了和谐的乐曲，用一曲下意识的赞歌，称颂着仁慈的造物主。

然后，我带着巨大的喜悦急忙下到湖边，池边生着一圈黄色的睡莲，椭圆形的莲叶浮在水面上，几乎遮蔽了整片池水，四处盛开着金色的球形莲花。我拿出自己总是藏在岩石裂隙间的捕虫网，在生满青苔的湖边活动一下筋骨，我盯着荷叶间的缝隙，下面隐藏着池塘中形形色色的栖息者，我看着它们游来游去，在水面上留下晶莹的线条。

仰泳着的蝽欢快地四处蹦跳，仰面朝天，用双桨式的后腿滑行；蜉蝣的三尾幼虫在岸边的洞穴里钻进钻出，两侧的鳍状物不停摆动；时不时，有一只水甲虫从水芹中小心翼翼地探出头来，随即又潜入一旁的水草深处；笨拙的石蚕懒洋洋地拖着它奇异的房屋，穿行在水底的叶子上面，等着哪个不走运的小虫子游近它下巴的势力范围。但是，看啊！一只石蚕却成了强大的弯脚卡钳的牺牲品，那种甲虫的幼虫会动用卡钳捕捉猎物，而石蚕将自己的生命之血交给了这个凶猛的屠杀者。那边还有一只蜻蜓的幼虫，模样好似奇异的伸展开的蜘蛛；它在泥地里爬来爬去，时不时地通过其瓣膜泵快速窜出；它靠近一条毫无防备的水蛭，然后，呃！我至今记得，我是多么兴致勃勃地看着它突然从其脸部抛出那张非同凡响的面具，柯比（Kirby）对此有过活灵活现的描述，然后它用锯齿状的双开门抓住了那只虫子，随即一把将门合拢。我未能经受住诱惑：它直接进了我的捕虫网——澄净被打破；各路虫子飞来飞去；而我们这位其貌不扬的大个绅士已经被拽进了天光之中，塞进了口袋里的小瓶子里，留待回家后被压扁——“为科学牺牲”。

从那以后，我就爱上了许多土地上的美丽、自然，而且总能发现清晨的独特魅力。住在明媚迷人的牙买加时，我喜欢赶在天亮前早早起来，登上一片寂寞的山谷，头顶是庄严的热带森林。在林中，沾满露水的羊齿植物在每一块岩石和倒掉的树木间伸展出成千上万的叶片，俏丽的野松树和兰花在每一个岔口垂下，我会在那里等待某些早起的鸟儿或昆虫发出第一声鸣叫。有一种蝴蝶，全身如宝石般光彩夺目，尤其受到理论型的博物学家的喜爱，因为它是介于真正的蝴蝶与飞蛾的一个关联物种。我发现这种可爱的生灵会在太阳刚浮出海面时现身，并会成群结队地出现在一株开满鲜花的高大林木的树冠上，让空中充满它们的光辉与闪耀之美，令收藏家心痒难耐，接着，在令人眼花缭乱地飞舞中度过了约一个小时后，它们又会像出现时那样，转眼就没了踪影。

在这些远足中，我会兴致盎然地记下各种鸟儿晨起的顺序。我徒步经过林间草场和山坡上的羊草地，繁星在头顶闪烁，黑黢黢的山峰没有一丝发白的迹象，东方也没有流淌出红色的朝霞；金星与繁星一起爬上澄澈、黑暗的苍穹，如灯笼般夺目，仿佛一轮微小版的月亮——夜莺不寻常地高声鸣叫，发出单调的音节，“wittawittawit”，成群地掠过，执拗地叫个不停，从它们的叫声能判断出它们飞得很低，但抬起头，在黑暗的夜空中却完全看不见它们三角形的飞行轨迹。此时，扁嘴雀发出悲鸣，偶尔也伴有一声不太悲痛的音节。当天光开始刺破黑暗，照射在褶皱的山峰之上，金星暗淡了下来，一旁林地里的棕翅鸠开始发出五个音节的咕咕声，空洞而哀怨。接着是极乐鸟，从一株可可树的顶端快速发出三四个音节，“op、pp、p、Q”；远处，仍笼罩在黑暗中的山林里传出了画眉悦耳动听、却支离破碎的声音，很像我们国家的乌鸫的叫声。此时，东方已是红彤彤的一片，山脊上崎岖的岩石和树木干扰着红光的洪流，带来了由一条条玫瑰色光线组成的奇妙现象，首先浮现在东方四分之一的天空上，然后光芒像一把扇子，扩展开来，划过整个苍穹，每一束光线都跟着发散开来。幽暗的山谷中传来母鸡粗重的咯咯声，山巅之上则隐约传来了渡渡鸟如笛子般抑扬顿挫的长音。接着，分散各处的知更鸟开始放声高歌，滔滔不绝的洪亮乐音灌满了我们的耳朵，淹没了百鸟的鸣啭，此时，各种叫声已无可计数，无从分辨，但它们一起拔高了这场清晨的山林音乐会的音量。

一位穿行在委内瑞拉山间的旅行者也描述了类似的场面：

那个早晨，月光沿着拉斯科库扎丝的希拉山巅洒下，那是我记忆中最心旷神怡的时刻之一。简直像施了魔法，当太阳开始接近地平线，万籁俱寂的森林渐渐被鸟族的早起者们的零星音节打破，最终，当天光终于落下，整座森林似乎突然温暖了起来，变得生机勃勃，身着五彩翎羽的歌者们发出一阵又一阵和声。每一只鸟都以它自己的方式，加入问候光辉太阳的大合唱（那曲调恐怕称不上和谐）；随着光线逐渐增强，你能看到下方雾气蒙蒙的山谷，令人沉醉的沃土，以及在高山暖温带和积雪带之间繁茂生长的几乎每一种树和花卉。眼前的景象有一种几乎无可匹敌的壮美。在苹果树和桃树林间穿行，几乎感觉置身于一座英国果园中，我们几乎以为能在枝头发现乌鸫和苍头燕雀的身影；而几百码的下方，鹦鹉、金刚鹦鹉、猴子和知更鸟在棕榈树和树蕨之间穿梭，在一片纵贯两三百码[①]的地带中，从气候酷热的区域一直追逐到气候温和的区域——这也是令人瞠目的场景之一[②]。

我不禁要引述阿特金森（Atkinson）先生描绘的一天开始的画面，这画面是他在欧拉尔山顶上俯视西伯利亚平原时目睹的；只是他描述的细节很少局限在博物学范畴内：

“日光迅速降临西伯利亚无边无际的森林上方。狭长的浅黄色云层在地平线上铺开；每过几分钟，它们的色彩就更明亮一些，最终，它们

---

① 作为长度：1 码 =3 英尺，即 0.914 4 米。

② 沙利文（Sullivan），《美洲浪游记》（*Rambles in North and South America*），第 395 页。

仿佛变成了苍穹之海上滚滚而来、又滚滚而去的金色海浪。我叫醒了同行的旅伴，请他和我一起欣赏眼前这最壮丽的景象。太阳在天边的高山上缓缓升起，将绚丽的光芒洒向了所有山峰：连黯淡的松树也染上了一抹金光。我们静静坐了一个小时，观赏这美丽的风云流转，一直到高山和谷底都大放光明。”①

考珀（Cowper）将《冬日的午间散步》（*The Winter Walk at Noon*）命名为了其魅力十足的“使命”书系的一本；而为了贯彻他触碰的一切都锦上添花（nihil quod tetigit non ornavit），也描绘了一幅美丽的画面：

在山坡的南面
树林挡住了呼啸的北风
季节微笑着，化解了它的盛怒
怀抱五月的温暖。天空蔚蓝
万里无云，完美无瑕
下方的景色令人目不暇接
没有噪音，或者没有影响思考的噪音
知更鸟不绝于耳，但仅满足于
纤细的音节，而压制了过半的蹄声
他陶醉在孤独中、在闪烁的光芒中
他在休息的地方摇撼着一根根小树枝
而枝头上挂着的摇摇欲坠的冰凌
在下方的枯叶上叮当作响

① 阿特金森，《西伯利亚》（*Siberia*），第59页。

热带正午的场景则与此大不相同，比如圭亚那或巴西的正午！那些地方也会有死寂般的静谧，但那源于火炉般直射的艳阳，太阳带着直上直下的残酷，将光芒泼洒到大地上，举目四望，除了一些繁茂的树木下方以外，没有任何阴影。芒果树在最耀眼的光芒下，用其浓密黯淡的枝叶构成了一把无可穿透的遮阳伞。此外还有光滑的芒果树，其树干粗壮，树冠宽阔，枝叶浓密，当太阳在每一个角落洒下酷热之时，芒果树的下方是一片阴凉与闲适。百鸟都安静了下来，气喘吁吁地躲在最浓厚的叶丛中；百兽的足声和叫声都消失了，它们都在各自的隐蔽之所安睡。时不时地，某些林木的种壳爆裂，发出一声步枪射击般的声音，接着是裂开的种子扑簌簌拍击树叶的声音，随即重归沉寂。巨大的蝴蝶背着天蓝色的亮丽翅膀，耀眼夺目，几乎无法直视，它们在林间空地中懒洋洋地斜飞而过，或落在缤纷的花丛之上。两眼放光的小蜥蜴全副武装，在阳光下熠熠生辉，它趴在大树的寄生植物上，或穿梭在草丛间，为自己弄出的响声惊诧不已。哈！远方传来一记钟声。过了两三分钟，又传来一声！类似的间隔过后，又是一声！一定是修道院在告别逝者，宣告一个生命的离去。但此地并无修道院；那是一种鸟的鸣叫。亚马孙的钟鸟（campancro），一种微小柔弱的生灵，很像雪白的鸽子，额上生着一只肉做的号角，高 3 英寸①。这个附属物是黑色的，外面披着几根白色的羽毛，中空，与上颚相连，可随时鼓气发声。此类鸟儿会在规律的间隔下，发出庄严而清晰的钟声，据信，这个声音与以上结构有关。但不论实际情况如何，这种悦耳的声音仅出现在森林深处，而且很少在中午以外的时间传出，此时正是其他声音绝迹之时，这声音会让旅行者

---

① 英寸：1 英寸 =2.54 厘米。

猝不及防，并心生浪漫之情。它这种小心翼翼地、与世隔绝的习性，更增加了人们对它的兴趣。

在博物学家的眼中，黑夜是所有季节中最浪漫的时光，但在谈论黑夜以前，我必须先引述两份对日落的描述，均来自于很少有英国旅行者踏足的地区。第一幅场景位于隔开欧亚大陆的崎岖山脉。前文中，我们刚在同一座山顶上张望了亚洲的平原，目睹了日出的景象：现在我们望向欧洲一侧。

“现在我转向西方，登上一座更高的崖壁，俯瞰峡谷；我席地而坐，望着那个巨大的火球滚落地平线；眼前一片辉煌！帕夫达和它的雪峰被照亮了，闪烁如红宝石；其他高峰也染上了红色，脚下的深谷却陷入幽暗，升起迷雾。一瞬间，空气中仿佛充满了胭脂粉末，令周遭的一切都透着鲜红的色调。如此壮美，又如此坚定，令我别无他想，对千百只蚊虫的噬咬也失去了感觉，除了它们令人不快的嗡嗡声以外，周遭没有任何声响，甚至没有一只鸟的啼叫：万籁俱寂。

太阳落山后，很快，一团白雾在山谷中升腾，一直升至很高的位置，整个山谷仿佛变成了穿插在岛屿间的无数湖泊，所有山峰都漆黑一团。眼前的景象完全抓住了我，我盯着天色的变化，一直到快 11 点，这些地区特有的微光悄无声息地爬过了眼前的山林。那场面难以用语言形容，它已经在很大程度上进入了人的精神层面。”①

另一幅场景也出自同一位了不起的旅行家，地点是比乌拉尔更壮观的山区——中亚伟大的阿尔泰山脉。

“下午，我向西骑了 10～12 俄里②，领略到了宝琪太马河（Bouchtaima）

---

① 阿特金森，《西伯利亚》，第 57 页。
② 俄里是俄制长度单位。1 俄里≈ 1.066 公里。

上及河外的美丽风光。十分壮丽；太阳直接落入一座高耸的山峰后面，那团巨大的火球在我眼前几乎越过了那座庞大圆锥的最高点，呈现出一幅奇异的画面。随后，其漫长而深邃的阴影爬过了低矮的山峦，并很快延伸至下方的平原，最终，我所站立的地方也接收到了其冷暗的色调。而左右两侧的山峰依然闪烁在其金色的光芒之中；科尔索姆（Cholsoum）的雪峰就像衬托在澄澈蓝天中的结霜的白银。渐渐地，夜的暗影铺满了山坡；一块块亮片逐一熄灭，最终，除了白雪皑皑的山峰外，整片大地都笼罩在了暗影之中。随着太阳继续下落，淡淡的玫瑰色染红了山峰白茫茫的斗篷，并逐渐加深为浅淡的鲜红色，接着越来越深，当至高无上的光辉熄灭，山峰变得如红宝石般夺目；最后的几分钟则变得仿佛鲜红的星辰。”①

下面，我们从如此壮美的画面，回到我们太平的祖国英格兰。一位刚浸染在昆虫学热潮中的学生是如何喜气洋洋地用六月的一个夜晚来捕蛾的呢？他会在日落前的一个小时神秘兮兮地出门，手上拿着一个装着啤酒和糖浆混合物的杯子。他会走向林子边缘，用一把油漆刷子将混合物刷在几棵大树的树干上，令守林人和他的狗纳闷不已。不一会儿，太阳像一团燃烧的煤球落到了山后，这位青年学者会再次忙活起来，撑起捕虫网，拿出药盒，点亮一盏牛眼灯，在高大的树篱隔出的小径上稍作停留，因为蝙蝠显然正在这里玩着一个成功的游戏，细小的灰蛾成群结队地在树篱间穿梭。他小心握着捕虫网其中一只飞蛾的色泽显示出它不是等闲之辈。哔！干得好！飞蛾应声落网；他举起它，对着西方的天空观察，他发现自

① 阿特金森，《西伯利亚》，第221页。

己抓到了其中一种最漂亮的小飞蛾，名叫“翠凤蝶”。另一边，在草场附近的一片空地上，一只白色的飞蛾正来回飞舞，翅膀均匀摆动。那一定是“蝙蝠蛾”，确定无疑，一模一样，这个也应声落网。接着，又一只飞蛾从小径迎头冲来，块头比普通飞蛾大，且通体洁白，远远就能看见。预备！上！这件奖品也成功落网，这是“吞尾蛾”，一种奶油色的物种，也是不列颠此类品种中最尊贵、最典雅的一种。

此刻，西方暗了下来，变成一种红褐色，星辰在头顶闪烁。他离开小径，怀着激动的心情来到了其中一株涂抹糖浆的树干前面。他的灯盏照亮了树干；此时已有十几只飞蛾，煽动着翅膀，在糖浆的诱惑下嬉戏飞舞，其中两三只已经舒舒服服地趴在了树干上，开怀畅饮着。多数都是寻常的灰蛾；且慢！那边是什么在飞过来，橄榄色的翅膀上点缀着十点玫瑰白？可爱的“桃花蝶”，确定无疑：很快，它已被一只药盒罩住，安全监禁了起来。接着，他悄悄走向另一棵树。一只小飞蛾无畏地趴在树干上，是美丽的“黄翼夜蛾”，可爱的小生灵，相当稀有；这个也拿下了。此时又飞来一个绚丽的小东西，浑身“锃亮的黄铜色”，翅膀在灯盏的照耀下显出金属般的光辉；哦，倒霉！一只敏捷的蝙蝠当着你的面，抢先一步咬住了这个闪亮的奖杯，它绚丽的翅膀掉落在了地上，让你欲罢不能。算了！那蝙蝠一定也是一位外出捕蛾的昆虫学家；这次就让给它吧。这边又有一只毫无防备的“果红裙扁身夜蛾”，轻而易举就能罩住；可是，哎呀！正当你准备好罗网之时，它狡猾地掀起翅膀，飞向了侧面，让你怅然若失。那边那只如何，体形硕大，光彩夺目，后翅是最鲜艳的红色，如燃烧的煤团，还配有黑边？哈！这是可爱的“新娘蝶”！捉到她，你就有一位大美人了。手拿稳了！眼盯住了！好！落网！现在你可以心满意足地沿着露水盈盈的小径回家了，一路上呼吸着荆棘和铁线莲的芬芳，看着在低处翻飞的萤火虫的微光，听着不眠的夜莺的鸣叫。

拿我们自己在类似场景和季节中目睹的画面与人们在其他形形色色的土地上的观察对比，永远是一件有趣的事，这些人都有一双在大自然中发现诗情画意的开放的眼睛，尽管他们并不都是严格意义上的博物学家。以下是阿尔卑斯中央山脉的尼森山上（海拔近 2 500 米）的一幅夜景：

“我很愿意让读者体会一下这片高原在一个安静夏夜的庄严风景。耳中没有多少声音；至少不刮风时如此。人类所在的地方几乎能生产一切，除了安宁，而这些荒野则彰显着一种近乎发人深省的静谧，熊迈着小心翼翼地足迹，在松林干燥的针叶中发出沙沙声，狼嚎在荒原中迎来绵延的回声。我站在木屋广阔的高台上，木屋中间闪烁着一堆篝火，那些伙伴们在自得其乐，我的耳朵却被远山上隐约传来的急促声音吸引；可能是破碎的岩石，也可能是瀑布抛下的杂物。脚下的深谷偶尔也会传来同样含糊不清的急促声响；但除此之外，万籁俱寂，只有山涧流过峡谷中的河道与石头发出的单调低语。月光晦暗，几乎分辨不出牧场的边界，或上方闪烁的物体。远远近近，总有一株高大的没有树皮的松树醒目地耸立在黑暗的林带边缘，洁白的树干和美丽的枝杈在月光下熠熠生辉。”①

我已经提到过在热带地区的夜晚，山巅之上有一种特别的寂静，那种寂静要比拉特罗布描写的更加绝对、更加惊人。我曾在牙买加的里戈尼山里的一座孤零零的房子里过了一夜，当时的那种万籁俱寂深深感染

① 拉特罗布（Latrobe），《登山杖》（*Alpenstock*），第 135 页。

了我；那是我从未体验过的那种没有一丝声息的状况：附近没有流淌的水声；没有微风；没有鸟或爬行动物的行迹；没有昆虫的鸣叫；那是一种有压迫感的死寂，仿佛沉默可以感知。

但在低海拔地区，热带国家的夜晚则并非一片死寂。在牙买加的森林里，夜里会听到各种稀奇古怪的声音。有些是夜鸟的声音，欧夜莺的急促鸣叫，单调的鸣音或啸叫，猫头鹰的哀号，秧鹤急不可待地尖叫。此外，还有一些爬行动物的声音。壁虎从中空的树干上鬼鬼祟祟地像猫一样爬下来，发出一种刺耳的咯咯声；其他蜥蜴种类也为这场音乐会贡献着各自的吱吱声与叫声。接着，幽暗的森林里会传出一种仿佛睡眠不佳者打鼾的声音，但更响亮；或者说，像一艘轮船的船骨在狂风巨浪的海上发出的悲鸣声。这些声音来自巨大的树蛙，它们形容猥琐，喜欢趴在寄生植物厚实的叶片上，永远鼓着半个身子栖息在冷水中。这些爬行动物很少现身；但它们的声音在低海拔的山林里无所不在，由此可知，它们的数量一定相当惊人。时不时地，我也会听到一起其他的奇怪声音，特别是有一个六月的怡人夜晚，我寄宿在林中的一间狭小而孤独的木屋之中。大约午夜时分，我坐在打开的窗边，在月光照耀的每一片森林里，突然听到它们喧嚷了起来，没完没了，无止无休，那是一种清澈的尖叫，很像鸟叫，特别像那种庄严的渡渡鸟，但时间和地点都不对。和悦耳的鸟叫一样，这些声音中也有美丽的鸣啭和抖音；而每个单独声音的音高也不尽相同。在一团混杂的声音中，我能分辨出其中两个特别响亮的叫声，它们似乎在伴着规律的间隔相互应答；在它们的叫声之间，有一种完全如乐音般的差别。

达尔文曾谈到里约热内卢的夜晚的声音：“当最炎热的季节过去后，静静地坐在花园里，看着夜色一点点深下来，那感觉非常惬意。

相比欧洲，这里的大自然挑选了一些更卑微的歌者。一种雨蛙属的小青蛙，坐在一片大约距离水面 1 英寸的草叶上，发出悦耳的唧唧声；当几只这样的青蛙聚在一起时，会唱出由不同音高组成的和声，与此同时，各种蝉和蟋蟀也会不断发出尖利的呼叫声，但在距离的弱化下，这些声音并不显得刺耳。每晚入夜以后，这场精彩的演出就开始了；我经常安静地坐下，聆听这场音乐会，直到注意力被眼前蹿过的某种有趣的昆虫引开。”①

爱德华兹在其趣味盎然的亚马孙之旅中，曾在一个夜晚听到一记钟声，他信心十足地将之归于著名的钟鸟。但其印第安随从却告诉他这是一种名叫格里坦多（gritando）蟾蜍的叫声，“夜里的一切叫声都来自蟾蜍！”

我怀疑下文一开始提到的声音并不能归于相同的爬行物种：

“回家（在多巴哥）的路上，我被一个声音吓了一跳，那声音与蒸汽机的笛声一模一样；而我被告知这是一种多巴哥特有的甲虫的叫声。它和人手一般大，趴在树上，会发出一种击鼓般的声音，接着频率越来越快，演变成哨音，最后会越来越尖，越来越响，几乎变成火车的汽笛声。那声音非常嘹亮，即便你距离它有足足 20 码外，你要想和邻人说话，也得大幅提高自己的音量。热带的昆虫产物令我震惊，不论是尺寸还是性质，它们都不亚于植物学或动物学上的奇观。还有一种称为‘剃刀磨石’的甲虫②，会发出一种完全像磨刀机的声音，作为一个在热带荒野中游荡的人，你会很难脱掉过去的信念，产生一种听到‘饥渴的剃

① 《博物学家的旅程》（*Naturalist's Voyage*），（1852 年编辑），第 29 页。
② 汉考克（Hancock）博士指出，“剃刀磨石虫”就是名为 clarisona 的蝉。

刀磨石虫’叫声的实感。”[1]

后面的这个叫声很明显不是甲虫发出的，而是一只蝉，即是另一种纲目的昆虫；蝉类自古便以音乐才能著称。这些无疑是求偶者的小夜曲，柯比先生曾诙谐地写道：

“教林中传来可爱的回声”。

一位住在缅甸的朋友告诉我，午夜时分，异乡人经常会被一种响亮的叫声惊醒，那是一种家里常见的壁虎发出的声音。其叫声极其诡异，发音类似于“tooktay”，而且非常清晰，就像人在说话一样。这叫声让陪伴欧洲人前往缅甸的印度人不寒而栗；他们认为被这种小蜥蜴咬到会必死无疑。

但所有这些声音的可怕程度均无法与圭亚那的森林入夜后刺穿夜空的、震耳欲聋的嚎叫相提并论，那种非凡的声音来自于吼猴（alouattes）。它们成群结队而来，发出尖利的叫喊，亨博尔特（Humboldt）说，在清爽的日子里远在两英里外也能听见，这些声音会组成某种奇怪的和音，似乎是有意为之，并大大增强了最终的效果。同一位旅行者还告诉我们，偶尔也会有其他动物加入到这场演出中来；豹子和狮子的咆哮，警觉的鸟儿的尖鸣。“并不总是出现在月朗星稀的夜里，反而更常见于狂风暴雨的日子，此类野兽会在这样的骚动中出没。”

这些热带的画面让我流连忘返，那里的大自然所面对的气候与我们这里大相径庭。再来看一幅亚马孙的画面：“天空万里无云，月亮的缺席几乎毫无影响，繁星的光芒照射着我们，优雅而沉静。我们下锚的河道很窄；高大的树木垂在水面上方，红树林将手指般的绵长枝

---

① 沙利文，《美洲浪游记》（*Ramblcs in Vorth and South America*），第 307 页。

条插进下方的淤泥中。硕大的蝙蝠从眼前掠过；夜鸟在树梢发出奇异的叫声；萤火虫释放出点点灯光；鱼儿跃上水面，在星光下熠熠生辉；远处的沼泽地里传来声声蛙鸣，深邃而洪亮；沿岸的水声昭示着种种夜行兽的出没。”①

还有另一段也出自同一位愉快的作者，地点是同一条大河的某段河岸：“白天盛放的花朵收起了花瓣，安睡在多叶的花床上，做着关于它们爱人的梦。一位女主人取代了它们，让微风中充满陶醉的芬芳，向明亮的繁星之眼索取敬意。一声温柔的低语浮上空中。月亮洒下璀璨的光芒，繁花覆盖的平原如盾牌般闪闪发光；她徒劳地想刺穿浓密的森林，只有一些倒下的树木提供了通道。下方的树干高耸，朦朦胧胧地刺入黑暗。巨大的飞蛾，昆虫界的仙女，取代了白天的蝴蝶，无数只萤火虫不知疲倦地跳着火炬舞。远处的路上，有一团稳稳流淌的火焰如流星一般。它从眼前飞过，一瞬间，照亮了整个空间，叶片上晶莹的露水反射出点点光芒。这是白蜡虫，它正通过头顶的指路明灯，追寻自己最熟悉的东西。夜鸟扇动翅膀，气流划过你的脸庞，或者，它的哀鸣让你一阵抖擞，“wac-o-row，wac-o-row”，愁苦的叫声，完全不像我们的三声夜鹰那么悦耳。犰狳无所顾忌地爬出洞口，慢慢地爬向它的美食乐园；负鼠小心翼翼地爬上树干，小食蚁兽已经在无情地用餐。”②

利文斯顿（Livingstone）博士描绘了一幅非洲核心地带的午夜画面；那里虽然不乏浪漫气息，但还是缺少南美森林的绚烂多姿：

“我们距离芦苇丛很近，能听见里面经常传出的奇异声响。白天，我看见水蛇挺着脑袋，在里面游动。此外还有大量其他物种在大平原

① 爱德华兹（Edwards），《亚马孙之旅》（*Voyage up the Amazon*），第 27 页。
② 爱德华兹（Edwards），《亚马孙之旅》（*Voyage up the Amazon*），第 27 页。

上、在这些水上牧场高大的草叶之间，搜寻鱼类，留下了点滴的踪迹；还有一些有趣的鸟儿，在芦苇丛中抽动着脑袋，扭动着身躯。我们听到了一些人类般的声音，也听到了一些诡异的声音，伴随着溅水的声音传来，仿佛它们粗陋的巢穴内正上演什么罕见趣事。有一次，有什么东西靠近了我们，在我们周遭弄出水声，仿佛一艘快艇或河马：我们以为马可洛洛族人来了，于是起身静听，大叫；并放了几枪，但那声音完全不为所动，不间断地持续了一个钟头。”①

如果说，博物学家对于夜晚的声音怀有一种浪漫的兴趣，他们对于自带火焰、能发出光芒的动物也同样兴趣十足：

“大地的星辰，夜晚的钻石。”

柯比先生是最成功的昆虫学家，他曾经兴高采烈地谈起我们国家那些发光的小虫子。他说，“如果你也像我一样住在一个很少能见到它们的地方，当你第一次碰巧看见此类昆虫，在一个英格兰的夏天少有的怡人的夜晚，暖融融的空气中没有一丝微风，你感到‘通体舒畅’，此时，你看见千百只发光的虫子出现在一片长四分之一英里的地带，它们陷在苔藓沙发里，发出狂野的光辉，令你瞠目结舌，日后，你一定会用萤火虫的名字来称呼这段最愉快的回忆。”②

不过，这种“夜晚的钻石”在美洲更为常见。在加拿大的一大块野地里，我曾看见整片天空，大约上下几码的范围里，充满了飞翔的萤火虫，其密度不亚于冬夜的繁星。那里的萤火虫的光芒更红，更像烛火，数百万团微小的火焰明灭交替，时隐时现，上演着一场盛大的令人眼花缭乱的空中舞蹈，整个场面奇妙极了。

---

① 利文斯顿（Livingstone），《非洲》（*Africa*），167 页。
②《昆虫学概论》（*Introduction to Entomology*），第二十五封信。

我在墨西哥湾沿着阿拉巴马河溯源而上时也见证了类似场面，只是当时出现的是另一个物种。随着蒸汽船在夜晚的暗影下轰鸣行进，河道两岸浓密的芦苇带中飞舞着无以计数的光点，仿佛成千上万颗星辰在眼前划过。

这些景象虽然很美，但直到我前往牙买加，才真正见识了昆虫所能带来的照明效果。在牙买加热带森林的一个绚烂的夜晚，我见证了它们最光辉的样子。在一条穿行在高大林木间的蜿蜒山路上，在一片一片的林间空地和谷地中，我看到幽暗的林地被不计其数的各种萤火虫点亮，让我流连忘返，它们的光亮呈现不同的色彩，不同的强度，不同的明灭节奏，我可以借此分辨它们的不同种类。我兴致勃勃地在这些孤寂的场所观察和研究它们的习性，与此同时，各种奇异的声响、鼾声、尖叫声以及夜间爬行动物和昆虫的嗡嗡声（前文已经描述过）从四面八方的深山老林里传来，整个场景仿佛是为某个德国童话中的怪诞猎人量身打造的。

有两种为数众多，且非常显眼。其中一种[①]更不安分，四处乱飞，很少停下来。它们在室外会发出一种亮丽的橙色光芒；它们也常常会飞进开着的窗户，而放在烛光下检视后，那光芒其实是黄色的：放在手心里，光似乎充满了其身体的后半部分，耀眼夺目，强弱交替。另一种[②]更常停靠在枝条或叶片上，它会逐渐增强亮度，直到如同一把火炬；接着，它又会渐渐黯淡下来，变成火星，最终完全熄灭；大约一分钟后，又再次亮起来，渐增为先前的耀眼光芒；然后再次黯淡：仿佛海上的旋转灯标。这种萤火虫的光是亮丽的黄绿色；有时，前一种萤火虫会停下

① Pygolampis xanthophotis。
② Photurit versicolor。

奔驰的身影，靠近叶子上的后一种萤火虫，在它身旁环绕嬉戏，此时，橙色和绿色光芒的交融会呈现出一种最美妙的效果。

在这同一座美丽岛屿的低海拔牧场上，还有一种昆虫也为数众多，体型较前面两种大得多，它能同时发出红色和绿色两种光芒。其胸腔上方有两个椭圆形的结块，坚硬、透明，很像甲板上的“牛眼”灯；从这两扇窗口中会透出一种鲜亮的绿色光芒，看上去仿佛充满它的胸腔。然后在其身体下半部分，腹部的下方，其有壳的皮肤上开着一个横向的洞口，上面覆着一层薄膜，从中会发出一种强烈的红光，但只有当翼匣张开时，才看得到。入夜以后，在森林边缘的草场边上锁定这些飞翔的大型甲虫是一件最有趣的事，那红光仿佛一盏灯，随着飞翔的身体的转动，时隐时现，而在这生灵悠闲地飞舞之时，其下方的草地上会一直辉映着一种红色光泽。这种虫子似乎能控制上方的“牛眼”时不时发出绿光，而它们飞舞时出现的两种互补色的交融，更是美得难以形容。

我会在静谧的夜里，追踪着这些变换的光芒穿梭在浓密的林间空地里，看得久了，我几乎无法说服自己，这些光芒完全没有依靠人类的智慧或意志。接着，我会开始想象在哥伦布发现印第安人的桃花源之前，印第安人曾在这些美妙的森林空地里过着简单而幸福的生活；我能很容易地想象自己置身于数百位土著人中间，看着他们在这凉爽的夜晚纵饮狂欢，一如古老的时光。

第二章

和　谐

现代科学告诉我们，动植物在全球的分布并非杂乱无章，而是有明确规则的。确实有少数类别似乎是全球性的，但大部分物种的栖息地都很有限，每一个物种都有它对应的区域，在非常多的情况下，每个物种在其他类似的地区都会被一些多少有些相似但又有明显不同的物种取代。不仅如此，每一个地区都有主导的生命形式，完全掌管着整个地区的面貌，而一位优秀的博物学家，不论突然切换到地球的哪个部分，只要随便查验几种当地的动植物，便能马上识别出自己所在的地区。

生物地理分布的科学建构统计学不属于我当前关注的范畴，也就是说，无关于大自然诗意的一面；但这些真相的一个侧面也值得我们纳入考量，即和谐，和谐支撑着博物学图景的方方面面。如果我们会兴味盎然地在动物园里观看狮子、豹子、斑马和蟒蛇，或者在皇家植物园

（Kew）的暖房里观赏棕榈树、香蕉树和竹子；那么，如果可以置身于每一个物种的原始家园里，我们的兴致岂不是会高得多吗；试想一下，我们的周围尽是各种属于它的地表造型、环境现象、植物、动物，缺了所有这些，它不过是一个孤立的物体罢了。下面来看几个例子。

一些瞪羚陪伴着一群贝都因阿拉伯人穿越叙利亚的大沙漠。沙漠广大无边，令人生畏，仿佛脱离了尘世，仿佛身处大洋大海，人在对虚空的凝思中收窄了视线，完完全全的孤寂，此时，你会徒劳地搜寻目标物，希望它能让你摆脱十足的孤独和死寂。穿过平原，在遥远的西方，落日的耀眼光芒将他们塑造为暗淡的浮雕，漫长的、断断续续的柱子延伸至地平线下方；随着队伍的临近，大片匍匐在地的废墟浮现出来，断柱残垣，巨大的石台，掉落的柱头，零星的支柱拔地而起，鹤立鸡群，一派庄严。在戈壁平原的末端，视线终于停在了太阳神庙硕大的支柱上面，四周环绕着一大片黯淡的、架高的建筑废墟；但除此之外，前后左右，目力所及之处，只有光秃秃的广阔沙漠，眼睛向每一个方向张望，探索着无边无际的地平线，一个人影也没有，一丝人类存在的痕迹也没有。光秃、死寂、广大无垠，人永远享受不到一丝阴凉，四肢永远享受不到房屋的遮蔽。大地升起一层深蓝色的雾霭，远方的地平线依然清晰分明：没有任何高耸的凸起打破这单调的平面，除了一些不起眼的小山丘，伴着一些枯萎的杂草，走到近前才能看到，不过，边沿地带有一大片区域盖满了盐，显出特立独行的颜色。

忽然，目光中出现一群瞪羚，欢快地在沙丘彼岸跳跃，炫耀着优雅的身姿，尽管它们的颜色很简单，但却能在一动一跳中呈现无与伦比的优雅与美丽。贝都因人拿出了长矛，旅行者们掏出了手枪，同时分散开来，形成一个大圈，力求包围那群瞪羚。它们一开始似乎毫无防备，但随着侵入者的靠近，它们扬起了美丽的头颅，甩动着弯曲尖耸的羊角，渐渐聚拢了起来。接着，看到敌人从四面八方的山丘后策马而来，它们突然如风驰电掣般向外跑去，轻易便穿过了那个稀松的包围圈，此时，虽然长矛飞舞，子弹穿梭，它们仍安然无恙地将最迅疾的追随者抛在了身后；然后，它们停下脚步，回头张望，露出一种仿佛既好奇又蔑视的神情，随即再次奔跑起来，敏捷的身影后面扬起滚滚黄沙，仿佛在腾云驾雾，而非奔跑。

或者，你看没看过鬣狗置身于最自得其乐，最适宜它们习性的环境与景观中的样子？那么，请你拖着担忧的步伐，继续向沙漠深处走去，直到抵达那座荒野中壮丽的古城遗址后，再安营扎寨。

“谁的庙宇、宫殿，———一个奇妙的梦，

尚未远去，——许多个里格[1]

照亮了，却是茫茫沙漠。”

你独自坐在被夕阳辉映的神庙废墟之间，看着夜色的临近，寻思着漫长的旱季即将远去。周遭都是光辉城市的遗迹，城墙、城门、玫瑰色的光滑的花岗岩柱，或者亮白的大理石柱，如同月光下的白雪；许多柱子仍苍凉地耸立着，更多柱子已扑倒在地，或半埋在沙堆中。在高墙的暗影下，一些柱子仅是隐约可见，另一些却在柔和的月光中昂首挺立。从一座大殿废墟的窗口透入一些绚丽的光柱，照亮了一只跌落的柱头上精巧而深邃的雕刻，同时也洒在了一堆杂乱无章的废石之上。穿过幽暗的大门，视野捕捉到了远方拔地而起的郁郁寡欢的高塔，那是庄严的入城大道，石柱的线条逐渐消失在远方。

---

① 里格（league），旧时长度单位，约为 3 英里。——译注

但当你盯着，你发现了一些变化。

微风掀起漩涡，欢快地卷起地上的沙子，然后平静地将沙子打落在地上。远方地平线的山脉上开始乌云密布。月影黯然，暴风拉黑了苍穹。龙卷风突然扫过宫殿的废墟，卷起漫天沙尘，眼前模糊一片。接着，一束分叉的闪电劈在了石柱之间，一瞬间亮如白昼，轰隆的雷声接踵而至，让颤巍巍的神庙险些招架不住，巨大而温热的雨点，仿佛血滴般砸在石头上。不一会儿，暴雨倾盆而下，淹没了地板，水流在大理石台边滚滚而下，仿佛瀑布。一道接一道的闪电，让人睁不开眼，狰狞的大理石柱和高塔衬托着午夜的黑云，显得异常清晰，阴惨而庄严；雷鸣声几乎不间断地滚滚而来。

但在轰鸣声中，一个诡异的声音从破败的石堆中传来，仿佛魔鬼的狞笑。那咯咯的笑声回荡在雨中的大堂间，仿佛是在水的战斗中，在这个荒无人烟的境地，陷入了狂喜。看哪！陵墓中在那个低矮的拱门下方钻出了一双凌厉的眼睛，一只邪恶的鬣狗在向闪电中窥探。坚硬的鬃毛，血盆大口，这丑恶的怪兽死盯着你，警告你最好尽早逃走。此时，另一头鬣狗出现了，嘴里叼着令人齿寒的人头骨，那是它在驼队路线上发现的。

你听到强大的牙齿间发出骨头碎裂和碾压的声音，你感到不寒而栗，你很高兴可以逃离这个可恶的地方。

体型硕大的西伯利亚雄鹿栖息的家园是世界上最壮美的地点之一。在阿尔泰山脉的悬崖峭壁之间寻找它的踪影，史前浩瀚的造山运动，将这些地带劈成了遍布沟壑的可怕峡谷，瀑布卷着雪白的泡沫滚滚而下，绝壁几乎在上方靠拢，将天光阻隔在外。这里是一小片群山环绕的小山谷，遍地鲜花，仿佛一座英国园林，鸢尾花和耧斗菜，樱草花和牡丹，多彩多姿，还有很多陌生的品种，茁壮、繁茂，有齐肩高；然后有一小片清澈的池水，没有一丝涟漪，深不见底，一片浓黑。此时，旅行者穿过一道陡峭的山脊，到处是光秃的花岗岩，到处是巨大的锥子，狂风大作，在裂隙间发出尖利的嚎叫，随时会人仰马翻，跌入万丈深渊；接着，它进入一片森林，那里竟无一丝微风，古老的雪松树冠纹丝不动。

这个地区的野生动物不多，但这片坚实土地的框架本身显示出了无与伦比的壮美。崖壁呈鲜红或紫红色，仿佛织布机织出的绚烂的绫罗绸缎，暗红色的花岗岩中间穿插着玫瑰色的石英脉络，如玻璃般晶莹剔透。这边，庞大而粗犷的黑色玄武岩柱耸立在狭窄的峡谷之间；那边，一道开阔的绝壁仿佛完全由白色的大理石构成，如派洛斯岛一般纯净无瑕。各种颜色的岩石，亮红色、紫红色、黄色、绿色；各种颜色的搭配组合，白色和紫色的斑块，白色和蓝色的线条，褐色和浅绿色的条纹，浅红色和黑色、黄色的线条，四处散落着，彼此融合，又互不理睬；首当其冲的是大量的红褐色，饱满而华丽，最恶俗的石头，却闪耀着最华丽的美，可谓一座宝石山。这边是墨绿色的，搭配牛奶色的纹路；那边是一大团的深紫色；这边是一条缎带，点缀着不规则的红色、褐色和绿色的条带；那边是一大片鲜艳的紫红色的碎块，透明的材料反射出晶莹的光泽，它们被激流从河床中冲落，在自身深邃、鲜艳、浓厚的色泽间展现着最宜人的反差，它们的边沿和裂隙中还生长着黄绿色的苔藓，厚实如同毯子。

你追逐着细小的山涧，穿过浓密的雪松和落石，稍不留神，脚下就会打滑，你跋涉过一块又一块的岩石，穿过许多狭窄的裂隙，最后，一道美丽的瀑布映入眼帘，汹涌的水势从六十英尺的高处，一波三折地俯冲下来。白色的水花闪耀着坠入紫色的悬崖；最下面的一层分散开来，仿佛轻薄的纱网挂在石墙之上，构成了幽暗岩洞的屏障。

你艰难地登上岩石，爬到瀑布的最上层，然后沿着激流，再向上攀登几百码，直到你找到它的源头，那是一座很小的山间小湖，被直上直下的岩石围拢在内，只有一个狭小的裂缝，别无其他开口或出路。这座宁静的小湖泊多么美丽，多么澄澈，仿佛水晶一般，同时又多么深邃，显出深绿的色泽，将阳光吸入其深不见底的去处，仿佛一地光滑的绿宝石！对面的悬崖上，三头尊贵的雄鹿撑着鹿角俯视着这片水面，仿佛君临天下。多么不同凡响的生灵！这里是它们的家园，它们就住在这壮美的风景中，是统领一切的土地神。

通过报道，我们已经很熟悉那种拥有巨大翅膀的鸟类，即髯鹫，或称髭鹰，其红色的眼睛是凶残本性的恰当体现，它们的猎物不仅包括鸟类和四足动物，甚至包括儿童。我们经常将这种骄傲而残暴的鸟类与阿尔卑斯山的悬崖联系起来，但实际上，在欧洲和亚洲的整个中线上，有崎岖高山的地方就有它们的身影。阿特金森先生提到，他曾在一片比阿尔卑斯的任何地方都野蛮而壮美的地方，打下过一只髯鹫。那里是中国的阿尔泰山脉，坷拉河（Cora）从数千英尺高的峡谷中流出，然后分散开来，冲向整个平原。“我下定决心，”这位无畏的旅行家说道，“要探索这座宏伟的峡谷，并描绘下当地的风景，我们把马留在了裂口外面，它们无法进入峡谷；里面没有任何道路。我们必须攀上一块又一块巨大的岩石；有时不得不从下方钻过去，因为岩石太高，无法攀登：在另一些地方，灌木等植物无比繁茂，仿佛置身热带地区。在攀爬了 5 小时后，前面再也过不去了；岩石几乎直上直下，下方即汹涌的激流，向上攀登完全不可能。即便在春天或夏天，同样会无计可施；而冬天，峡谷中充满深深的积雪，方圆几百俄里渺无人烟，只有疯了才会在那时前来；由此看来，这片壮丽而狂野的风景完全将人类隔绝在了外面，无人打扰老虎的巢穴，无人干扰熊的安睡，无人影响赤鹿和野鹿在林间穿行”。我在这些绝壁间发现了一只巨大的髯鹫，并将其击落。在画了几幅速写后，我返回了马匹所在的地方，然后回到了广阔的山间高地，当时已经入夜，我筋疲力尽，饥饿难耐。遮挡着山峰的乌云已经散开，眼前呈现出阿尔泰最壮丽的景色，一路延伸至伊利亚（Ilia）；雪峰在夕阳的辉映下闪耀如同红宝石，下方的一切显出蓝色和紫色，更低的地方则已经被夜色覆盖。前景中是我的蒙古包，吉尔吉斯人正在一口大锅里煮羊肉，骆驼和马匹在四周或站或卧。尽管精疲力竭，我依然禁不住拿起笔来描绘眼前的景色，这些景色，包括大草原上壮丽的日落，都令我永生难忘①。

我们必须了解，这里的讲述者是一位追寻如画风景的艺术家。他的目光主要放在风景上面；但无疑也放在了髯鹫上，那髯鹫独立在其绝壁王座之上，以傲慢的眼睛俯瞰着无上的领地，构成了这幅画面中的一个伟大元素。

让我们再一次将目光转向达尔文和菲茨罗伊船长，看一看他们从大西洋经比格尔海峡前往太平洋的冒险之旅。这是一道笔直的海峡，宽不足两英里，但长一百二十英里②，两岸都是直接从水面上耸立起的连绵不断的高山，水面与上方陡峭而参差不齐的高峰之间相隔三千英尺③。从半山腰往下生长着浓密的森林，几乎全是同一种树，即颜色暗

① 《西伯利亚》（*Siberia*），第 574 页。
② 英里，长度单位。1 英里 =1.609 34 公里。
③ 英尺，长度单位。1 英尺 =0.304 8 米。

淡的南方山毛榉。森林带的上线很明确，是一条完美的直线；下方，垂挂的枝条几乎浸入海中。森林带以上，终年覆盖着耀眼的积雪，一条条瀑布带着汹涌的激流穿过树林，坠入海峡。有些地方，壮观的冰川直接从山坡延伸到了水边。“你很难想象还有什么比这些宝石般的蓝色冰川更美，尤其是在上方广阔积雪的衬托之下。”沉重激烈的暴风从峡谷上方席卷而下，掀起巨浪，卷起泡沫，仿佛黑暗的平原上点缀着一丛丛的飞雪，水雾漫天。信天翁展开宽阔的翅膀，迎着狂风，在海峡中号叫着飞过，仿佛是风暴精神的化身。激浪汹涌地拍打着狭窄的岸边，并向岩石高处冲去。那边，蓝色的冰川露出末端的一角；暴风和海浪击打着它，忽然，一大块冰坠落下来，并破碎开来，在愤怒的海面上撒满了微小的冰川。

一对抹香鲸从这场冰与水的斗争中浮现了出来。它们在巨石刻出的岸边涌动，间或喷射水柱，或以笨拙的身躯欢快地越出水面，接着以庞大的侧身落入海中，令四面八方溅出巨浪，同时响彻起一种仿佛远处的船舷发出的回响[①]。这里的景象与这些深海巨兽相得益彰，它们的出现也极大地加强了这浪漫景色的狂野与壮美！

让我们离开这条凶恶的海峡，前往一个有过之而无不及的，更严酷、更可怕、更令人却步的地方；宏伟的安第斯山脉的关口之一：秘鲁的科迪勒拉山。

“现在我们去往”，一位旅行家说，“豪拉（Jaula），即牢笼，那道山口也因此得名，我们在一片30平方英尺的巨大花岗岩的避风处安营扎寨，澄澈美丽的苍穹即是我们的华盖。这地方不愧叫作牢笼。要

① 达尔文（Darwin），《旅程》（*Voyage*），第10章。

如实描述它几乎不可能，因为我不认为世上还有比这里更狂野、更宏伟的景观；但我还是姑且一试。泡沫翻涌的河流分入几条由大片花岗岩铺就的河道，流淌在两座巨大的山峰之间，这两座山峰高约 1 500 英尺，但相隔还不到 200 码；因此，要想张望其中任何一座山峰，我们都必须让脑袋完全贴在肩膀上。这些雄伟的山峰在我们身后交汇于了一个点，我们刚刚绕过那里，现在，它们仿佛成了一座山，让我们的视野局限在四五百码之内；我们面前是庞大的科迪勒拉山，巨大的雪峰似乎挡住了去路。此刻，我们完全被困在了一群大山之中，前后左右，目力所及，都让心中充满惊奇和敬畏。巨大的花岗岩石从孤绝的高处坠落，散落一地，成了我们过夜的庇护所。激流在这里变得十分汹涌，狼奔虎突，浪花四溅，冲击着河道上的岩石，几乎打湿了我们的休息之所。毛驴四处走动，在稀缺的灌木中觅食；我们那些野蛮的、其貌不扬的散工们聚集在巨大的岩石背后，生起篝火，令周遭的风景显得愈加狂野和惊奇。”①

有什么动物能栖息在这种可怕的死寂之中吗？有任何生灵能生存在这荒凉的花岗岩和终年的寒冰之中吗？有！原驼，即秘鲁骆驼，它们乐于栖居于此，它们就像阿拉伯骆驼置于沙漠一样，是这片地区真正的代表生物。它们在这片狂野的自由园地呼吸着稀薄的空气，尤其喜欢这些被秘鲁人称为山间草原（Punas）的高大山脊，在那里，一切水分都凝聚成了最冷峻的状态。营地上方的大山上突然出现的一只原驼引出了以上的描述。散工带上它们的狗，追逐它，击败它，并带回它的尸体，此刻正在篝火上烤它的肉吃。野驯鹿在属于它的雪原中穿行，很少被文

① 布兰德（Brand），《秘鲁之旅》（*Travels in Peru*），第 102 页。

明人看到；而如果你有幸在那里看到它，那画面会让你永生难忘。登上构成挪威屋脊的崎岖山脉中的峡谷；穿过越来越荒凉的层层高地，海拔越来越高，直到你置身于凛冽、稀薄的空气之中，在最高大、最狂野、最贫瘠的雪原上喘着粗气。最高处的木屋已在遥远的脚下。你日夜兼程（当时是白夜），越过孤寂的荒原，眼前既无生灵，也无人影，亦无任何人类留下的痕迹；没有树，没有灌木，没有野草，甚至没有泥土；只有坚硬的、寸草不生的、覆盖着地衣的岩石，或广阔无边的戈壁或雪原。间或会看见一些驯鹿苔从碎裂石缝中钻出，这是岩石与积雪的荒原上的唯一绿色。你必须拖着疲惫的身躯，“犁过”那些高过膝盖的积雪，一直持续数英里，非常辛苦。另一些时候则要穿过生长着苔藓的沼泽和融化的积雪；然后，或许要经过一条宽阔的深至齐腰的溪流。你再要登上一块高大岩石的石脊，如同雪原上的一座岛屿，花岗岩尖利的边缘深入你的皮靴，此时，它们已经被雪水浸透，变得软塌塌的。接着，你必须翻下一座陡峭的积雪的山坡；这很困难，对于不习惯登山的人会很危险。估计不是人人都清楚在挪威的雪山上下山的感觉，我最好做一番解释。想象一座非常陡峭的山峰，大概高五六百英尺，覆盖着深深的终年积雪，山坡像屋顶一样陡峭。要想知道能否下山，向导会找来一块大石头，轻推一下，看它的下落情况。如果雪足够软，能构成缓冲，石头便可犁出一条沟来，并缓缓下滑，这样的话，从这里下山就是可行的；反之，如果雪不够软，石头只能一蹦一蹦地下落，那么，从这里下山就会非常危险。看着向导镇定、矫健地滑下雪山，那场面非常神奇，仿佛一支箭从弓上射出。他并拢双脚，手中没有任何用来作为平衡之物，背上还背着你那些沉重的补给箱和铺盖，然后他就出发了，下滑的速度越来越快，一直下至山底，整个下落的过程，周身都被积雪包裹，仿佛一架肉身的犁，将雪从腿脚的两边犁开，留下一道深沟。你跟在后面，下滑的速度要慢得多，你横握着猎枪，屁股深陷在积雪中，稳定着身体，缓冲着步伐。如果身体太过前倾，你可能会直接翻滚下去；反之，如果太过后仰，你的脚有可能会打滑，最终一样会让你滚下山坡，你会一连滚上几百英尺，没有任何东西阻挡，一直滚至山底；即使在积雪上面，这也绝不是件愉快的事，而如果山脚下有一片岩石丛生的沟壑（这种情况并不少见），滚下去则必死无疑。

在一道绝壁的旁边，向导突然挥了一下手，轻声吐出一个字“慢”！他一边蹲下，一边指向绵延两英里的白色山坡上的三个黑色斑点。我们大为振奋。用望远镜清楚捕捉到了它们，上面是一头作为守望者的公鹿，稍下面是母鹿和小鹿。现在，要捕获这尊贵的猎物，我们必须小心翼翼！它们前方有一道宽阔的山谷；我们必须压低身体，排成一列，藏起来福枪，以免枪管反射的太阳光泄露杀机。同时不能说话，除非轻声细语。不一会儿，山谷已安全穿过；再涉过前面的一条喧闹的溪水，就能来到岩石上面。

雄鹿发现你们了吗？它踢踏着四足，摇晃着宽阔的鹿角，嗅了嗅空中的气息，然后悠闲地登上了山坡，它的家人跟着它，一起消失在了岩脊后面。

现在要加快步伐了！上山！上山！手脚并用，钻过巨大的松动的岩石，但要小心，别弄出任何声响，因为猎物可能就在不远处。不一会儿，你登上了它们跨过的那道岩脊。向导小心张望，朝你点头示意。你也小心地张望，看到了它们，它们就在一百码外，毫无防备。老向导趴在雪地上，在岩石间爬行，想爬到它们身后，他或许会将它们驱赶到你这边。此刻，雄鹿还在忙着刮掉地表的雪，咀嚼下方的苔藓。

那短短的几分钟，你抑制着胸中的兴奋，屏息凝神。猎人在对面的山上站了起来。尊贵的雄鹿立刻一身威严地向你奔来，它挺着头，精美的鹿角伸展至身体两侧。接着，它停下脚步，嗅了嗅，又起步；但太晚了！子弹已经射出，它倒在了沾满血的雪地上，鹿蹄在垂死挣扎[①]。

我们国家的绵羊，我们必须承认，功利性远大于诗意；但提到喜马拉雅山脉上的野羊（burrell），情况就完全不同了。喜马拉雅野羊的体型是英国绵羊的两倍，且羊角巨大，在山上，有一些这样的羊角嵌入在冰冻的岩石之上，构成了坚硬无比的洞穴，有时会成为狐狸的庇护所[②]，它们栖居在气候最恶劣的地区，栖居在世界最高大的山脉的雪原或高耸的山峰上，远离人烟，它们能在非常远的距离察觉到人的靠近——野羊被视为喜马拉雅的头号猎物，杀死一头野羊被视为喜马拉雅狩猎的至高荣耀。

它的栖息地多么宏伟壮观！一位充满激情的金牌猎人为我们描绘了下面这幅关于野羊及其家园的生动画面。

“我们一早出发前往了伟大的恒河源头。对岸是野羊的最佳领地，我们期盼着还有足够的积雪，让我们可以渡河；结果，之前架在激流上的雪桥已经不见了踪影。徒步过河很困难，因为即便只是一些涓涓细流，河道中也充满了冰封的石头，难以立足。我们看到对岸有一大群野羊，但过不了河，只能徒呼奈何。”

“最终，我们抵达了恒河的庞大冰川，第一眼看到它的气势磅礴，

---

① 见 A · C · 史密斯（A. C. Smith）的“挪威笔记”（*Notes on Norway*），1851 年的《动物学家》（*Zoologist*）杂志。

② 胡克（Hooker），《喜马拉雅之旅》（*Himal. Jour.*），第一卷，第 243 页。

那景象令我终生难忘。冰川上点缀着松散而巨大的岩石和土块，整个冰川宽约 1 英里，向上延展达数英里，背靠一座终年积雪的庞大山峰，耀眼夺目的峰顶直插天际，海拔 21 000 英尺。圣河穿过冰川的深沟（称为牛嘴），流入天光，此地被所有印度教徒视为最神圣的圣地；周遭的永冻之地也构成了众多神话故事的背景。恒河并非以小溪流的身姿进入这个世界，而是从其冰封的子宫中喷薄而出，水面宽三四十码，深不可测，激流勇进。就在河口处，一发幸运的子弹越过河道，击中了一头野羊；它向后仰，坠入了河道，再未现身。在我迄今多年的旅游生涯中，拜访过众多美丽的山川，而在我见过的所有美景之中，我想不出哪一个能媲美如此壮丽磅礴的恒河冰川。”①

但还是要说，如果想见到最大的陆地动物，我们不应在旅行动物园的围墙内寻找它们，也不应被印度的原始地带或文明边界束缚，而应将目光转向非洲宏伟的森林和峡谷。

普林格尔（Pringle）先生留下了对此类峡谷的图文叙述：那片峡谷长两三英里，周遭都是令人眼花缭乱的荒野，分裂为无数沟壑，到处是岩石、裂隙，到处是阻挡去路的树木、丛林以及高大荒凉的山峰。山谷本身非常优美；当旅行者从林木茂盛的谷地钻出，整个山谷突然跃入眼帘。山坡上长满了多肉植物②；下方是一片广阔的草场，其间点缀着美丽的含羞草、荆棘以及高大的常青树，有些特立独行，有些抱团丛生，群落大小不一。

软泥地上随处可见深深的足印；道路宽阔，被践踏得很坚实，穿过布满荆棘的密林，仿佛军用道路。在其中一条通道上，突然出现了一

① 马卡姆（Markham），《喜马拉雅狩猎记》（*Shooting in the Himal.*），第 57 页。
② 树马齿苋（Postulacaria afra）。

群无以计数的大象；排头的是一只巨大的公象，正向丛林中挺近，仿佛公牛进入蛇麻草丛中，它踩扁了路上的荆棘灌木，用长鼻子折断挡路的大枝杈；母象和小象在它后面排成一队，亦步亦趋。视野打开后，你看到其他兽群也散布在山谷间；有些徘徊在果树丛中，有些席地而卧，有些在饕餮刚被拔起的含羞草的新鲜根茎；巨兽在为其满怀期待的家人撕碎那些大树，而它自己也乐在其中，仿佛在玩一个游戏。它用粗壮的象牙撅根，一会儿撅起这边，一会儿撅起那边，一会儿用这边的象牙，一会儿用那边的，翘起、推开、撅松土地，最后用扭曲的象鼻一阵狂拉，将心不甘情不愿的树干连根拔起，再颠倒过来，让它沐浴在泥土和石头的洪流中，将汁液丰富的柔软根茎摆在饥饿的幼崽面前。这位旅行者表示，象群在宏伟的非洲天地间庄严而宁静地进食，是一幅非常尊贵的画面，令他永生难忘[①]。

谁曾如南非勇猛的猎人一样，在与狮子的可怕威严最相得益彰的环境下，注视过它们。我们之中，有谁愿意与他同行？夜复一夜，他在那个偏远的巴曼瓜托县的马松伊（Massouey）泉旁挖出的大洞中张望猎物？那是一片开阔山谷中的一座孤零零的池塘，白天万籁俱寂，无声无息，但周遭充满了四通八达、清晰的路径；布满了大象、犀牛、长颈鹿、斑马、羚羊的蹄印，并穿插着猛狮肥厚的脚掌留下的爪印。猎人观察着这些路径，选好了一处地方，挖了一个大洞，刚好足够他和他霍屯督族的随扈躺在里面。他铺好床铺，计划在此过夜。太阳落山后，他躺上这张古怪的床，头顶星光闪耀，周遭一片死寂，他凝神静听。

---

① 《非洲速写》（*African Sketches*）。

很快，宁静被许多声音打破了。远处传来一头狮子可怕的吼声；胡狼在哼哧哼哧地享用一具尸体；一群斑马朝着泉水奔来，但又踌躇着不敢靠近；周遭响起一群野狗的叫声。不一会儿，山谷中传来沉重的蹄音，一群牛羚如千军万马横扫而来；领头的牛羚来到水边，猎人举枪射击，牛羚应声倒在岸边。

兽群一惊，四散奔去；此时，一头狮子在对面长满灌木的山脊上发出骇人的吼叫，随之而来的是无声无息地死寂。

一刻钟过去了。一个特别的声音让猎人抬起了头，他看到池塘对面立着一头硕大威武的雄狮，黑色的鬃毛几乎垂到了地上，它就站在那头死去的牛羚旁边。似乎有所戒备；不一会儿，它弯腰咬起尸体，往山坡上拖。此时，那位无畏的守望者再次举起了他信赖的猎枪，那头茶色的君王应声倒地。片刻后，伴随着一声低吼，它又爬了起来，蹒跚着踱向一丛灌木后面，悲鸣至死。

几天后的一个夜里，他在同一个坑洞里看到六头狮子结伴来饮水。午夜时分，对面是六头狮子！这边是两个男人！只相隔一座小池塘，十分钟就能环绕一圈！其中一头狮子察觉到入侵者，它盯着他，匍匐着，绕过了池塘的一边。充满悬疑的一刻！再一次，致命的子弹飞了出去；那头好奇心过重的母狮身负重伤，发出一声嚎叫，奔驰而去，另外五头狮子紧随其后，扬起了一团灰尘。

与此情此景大为不同的是巴西丛林里的美妙幽暗，长着刚毛的树懒挂在枝头，没有牙齿的食蚁兽用蹄子撅开巨大的蚁穴，犰狳在地上挖洞；水豚和貘奔向水边；色彩亮丽的鹦鹉相互鸣叫，金色羽毛的咬鹃停在最高的枝杈上，耀眼的蜂鸟刺向花丛；宝石一般的甲虫爬上巨大的树干，五彩缤纷的蝴蝶翅膀掀动着静止沉重的空气。不同于我们在英国的田野和花园里见到的体型很小的、浅色或暗色的物种，它们的数量惊人、种类繁多；许多都装饰着最绚丽的色彩，而其中一些最漂亮的都体型巨大。闪蝶属是该地区的典型物种；这些巨大的蝴蝶比人张开的手掌还大，它们的翅膀下方装饰着一圈珍珠般的晕边和同心圆环，上半部分是统一的湛蓝色，分外娇艳，在阳光下看去十分刺眼。

这些原始巨树的迷宫无比庄严，其间穿插着无以计数的藤蔓植物，头顶是高大而轻盈的树冠拱顶，同时点缀着大量多彩多姿的花朵；低海拔地区的狭窄运河边上生长着最优美的蕨类植物，低矮而敏感的含羞草，硕大而奇妙的草本植物，大理石般的、星星点点的白星海竽，带有大片花冠的密集的扇叶棕榈，以及大量千奇百怪的植物，数量多到不可思议。生命的庞大形式强烈地激发了我们在这片森林中的惊奇感。在欧洲，我们总以为花就是草本植物或灌木，但在这里，我们见证了一些巨大的树木盛开着恢宏的花朵，色彩包裹着整个树冠。

这位旅行者欣喜地看到树上覆盖着巨大精美的紫色、橘色、鲜红色和白色的花朵，与周遭各式各样的绿色形成美丽的反差。在慌乱中享受了色彩的盛宴后，他转向路边深邃色调的高大树木，其中透着一股庄重与哀伤。火红的铁兰花穗，好像一颗巨大的菠萝，仿佛一团火焰在深色的叶片中燃烧。注意力再次被美丽的兰花吸引，它们盛开着最美妙的花朵，攀爬在笔直的树干上，或如画般地覆盖在枝杈上，很少出现在离地面 50～80 英尺以下的地方。肥沃的土壤让树木繁茂生长，而由于水平方向没什么伸展空间，它们的枝条会竞相向上自由生长。铁兰栖息在较小的枝杈上，或长在树瘤上，它们常会长到巨大的体量，貌似芦荟，却有一人之长，从高处优雅地悬在过路者的头顶。

在从枝杈生发出来，或附着于树干上的各种各样的植物之间，有一种好似苔藓的灰色植物，外观如马尾，从支撑着兰花或铁兰的枝杈上垂下；你可以把它们想象为那些德高望重的森林巨人的长胡子，这些巨人不屈不挠地耸立在此，支撑着千年的重担。无数藤蔓植物垂至地面，或悬在空中，粗达几英寸，有很多甚至不亚于一个人的身围，上面还包裹着树皮，仿佛树的枝干。但是任何人也无法设计出它们的奇妙造型，纷繁交错，无限缠绕：有时，它们就像垂直的支柱，支撑着地面，下方密布着根茎，从它们的粗细程度来看，很容易误认为是树木；另一些时候，它们会形成巨大的圆环，直径可达一二十英尺，或者如线缆般绕成一团。有时，它们会为树木织上规则的花边；也有很多时候，它们会用力缠绕树木，几乎令其窒息，导致树叶脱落，它们就像白色的珊瑚枝杈一般，在森林的葱郁之间伸开巨大的死亡手臂——这幅死亡的画面让我们在最繁茂的生命景象中大吃一惊：它们也常会为古老的树干覆上一层崭新的枝叶，为同一棵树披上不同类型的叶片①。

如果篇幅许可，我们还可以描绘从北欧黑松林中的冬眠居所中浮现出的棕熊；或坐在北冰洋孤零零的冰山上的北极熊；或在同一片冰封的水面上，被迫害者无情的鱼叉追捕的、喷射水柱的鲸鱼；或在美洲的高大林木中，通过践踏连绵不断的积雪，被囚禁在亲手打造的“园地”中的驼鹿；或阿尔卑斯山峰上的岩羚羊，老鹰在其头顶掠过，一边蔑视地扫向远方低处的豹子；或在无边无际的黄沙中任劳任怨的骆驼；或在澳大利亚的矮树从中蹦蹦跳跳的袋鼠；或在岩洞中晒太阳的海豹，高耸的海浪拍击着它们周围的崖壁；或在一条平静河流的岸边休憩的野鸭，夜

① 《阿达尔贝特王子的巴西之旅》(*Travels of Prince Adalbert in Brazil*)，第 15 页起。

晚的红光映照着上方几乎交接的高大树木的线条；或一群雪白的白鹭，在破晓时分，一动不动地立在芦苇丛生的湖泊浅滩中；或在广阔的大海里，那些在漫长的海浪上方掠过的海燕；或细小的金星介和剑水蚤在它们世界（一小片石灰岩构成的潮汐池，随着海浪来去，时满时空）的繁茂森林间嬉戏。我们可以描述出所有这些，乃至更多的组合形式；我们也完全可以看出，当加入这些动物原本的家园中的各种附属物和生存条件后，人们的兴趣会得到多么大的强化。

第三章

不合时宜

我用这个词做本章的标题，是因为没有更好的选择。大自然中并不存在真正的不合时宜，但不妨权益性地使用这个词，以分辨一类不无趣味的现象。我们时常能碰到一些在特定条件下生存的动物或植物，这些条件就像森林之中的猛虎、河流之于鳄鱼一样，并没有任何不自然，但在我们的普遍观感中却显得非常怪诞和离奇；此时，我们会调动最突出的一种情感，即诧异——诧异于在某些凭经验完全不可思议的地方发现了生命，或生命的特定阶段。我们最好举几个例子来说明这件事。

以深海中的动物为例。萨斯（Sars）、麦克安德鲁（MacAndrew）等人在挪威海的搜寻，以及爱德华·福布斯（Edward Forbes）在爱琴海的搜寻已经证明，200 英寻[①] 以下的深海里依然存在软体动物。更

① 英寻，是海洋测量中的深度单位。1 英寻 =1.828 8 米。

深的海底也不断挖出了死去贝类的壳；不过，这些贝壳也很可能是被许多以食软体动物为生的鱼类吃空的，然后从它们游过的地方坠落到了海底。角贝（Dentalium entale）、帽贝（Leda pygmaea）和曲序香茅（Cryptodon flexuosus）都曾在北海 200 英寻以下的地方活捉；爱琴海也打捞出了 Kellia abyssicola 和 Neaera cuspidata 这两种贝类动物，前者捕捞自 180 英寻的水下，后者捕捞自 185 英寻的水下；瓦楞魁蛤（Arca imbricata）则现身在 230 英寻的水下。

在如此深度下存活的能力也并不仅限于软体动物；植物性动物也不遑多让。巨大的树状珊瑚、翘尾蝗（Primnoa）以及枇杷珊瑚（Oculina）都会从海底的岩石中钻出，并附着在岩石之上，深度在 100 英寻以上。最近，萨斯发现了一种独立的珊瑚，深海美丽的扇形珊瑚（Ulocyathus arcticus），它们栖息在 200 英寻深的淤泥上；漂浮海葵（Bolocera Tuediae）、链索海葵（Tealia digitata）和桃色海葵（Peachia Boeckii）都是柔软的海葵，也抵达了同样的深度，另一些类似物种 Capnea sanguinea 和 Actinopsis flava 则栖居在惊人的 250～300 英寻的深处。

据观察，深海中的带壳类软体动物完全没有亮丽的色彩，大概因为它们居住在完全没有光线的地方，造成了这个不可避免的结果；据推测，全部（或几乎全部）的阳光都被巨量的海水吸走了。但是，多数的植物性动物是色彩缤纷的，Actinopsis 是一种亮黄色，漂浮海葵、链索海葵和 Capnea 是或浅或深的红色，扇形珊瑚是一种最绚丽的深红色。1 200～1 800 英尺的海水压力一定是我们无法想象的；我们也无法想象肉体组织如何能承受这样的压力，且生命的功能为何能照常运行。不过，这些生物的存在也同时暗示了其他物种的存在。软体动物多数以滴虫和硅藻为食；因此，这些微型动物和植物一定也栖居在深海中。植物性动物都是食肉性的，而且都（或几乎）静止不动，因此，一定有大量的猎物就栖居在它们周围，以满足它们的需求。其中可能就包含软体动物，但可能也存在很多甲壳类或环节类动物[1]。前一类中，已经有一种在深海中被发现。即一种小型龙虾，名为 Calocaris Macandreae，大小接近于小对虾，由麦克安德鲁先生（以他的名字命名）在苏格兰的大海里捕捞上岸，深度为 180 英寻[2]。

谁能想到在北极地区无边无际的终年冰雪之中，在阿尔卑斯的山巅上，都存在大量的生命呢，不论动物还是植物？但事实如此。罗斯（Ross）在巴芬湾发现，一片覆盖着厚厚积雪的岩壁上点缀着一种绚丽的鲜红色，绵延 8 英里，那颜色从表面一直渗到 12 英尺深的岩石表面。同样的现象也出现在其他极地地区和阿尔卑斯山的冰川上，以及其他一些类似的环境中。科学调查发现，这种颜色源自大量的微小生物，其中植物占多数，它们的形式非常简单，据格雷维尔（Greville）医生介绍，是一种明胶状的表皮，上面栖息着大量的微小球体，从光泽和色彩来看，很像精良的石榴石。但阿加西斯（Agassiz）教授认为，这些球体不是植物，而是一种微小但高度组织化的动物的卵，这种动物是轮虫的一种，名叫红眼旋轮虫（Philodina roseola）[3]，在阿尔卑斯冰川上，他在那些小球体的旁边发现了很多这样的轮虫[4]。另外，积雪中也发现了一些别的微小动物。

我在加拿大的寒冬里发现积雪的表面上生存着一些很活跃的昆虫，

---

① 见伍德沃德（Woodward）的《软体动物》（*Mollusca*），第 441 页；以及《挪威小动物》（*fauna Litt.Norveg.*），第二卷，第 73、87 页。

② 贝尔（Bell），《英国甲壳类动物》（*Brit. Crust*），第 238 页。

③ 见《隐花植物》（*Cryptog. Flora*），第 231 页。

④ *Rep. Br. Assoc.*，1840 年。

在别处和其他季节里都没见过。那些细小的跳动的粒子，结构奇异，有独特而熟练的行进模式，在刚降下的洁白无瑕的雪花中跃动。它们属于水跳虫属，它们的身体尾端有两根长长的硬挺的鬃毛，通常蜷缩在腹部下方，高兴时，这两根鬃毛会大力弹出，直接将它们弹至空中，原理类似于孩子们的青蛙玩具。还有一些有趣的物种，其中两种特别有趣，均属于有翼的物种，但又都没有翅膀。其一是一种没有翅膀的蠓虫①，另一种有点像跳蚤，但其实是一种举尾目（Boreus hyemalis）的虫子，我在类似环境中发现了大量的这两种虫子，但在其他环境中从来没见到过。

作为一个有趣的事件——并非跟上文毫不相干，但这些例子的并列更多是名义上的——我们可以提一下阿特金森在非常不寻常的环境、东西伯利亚的布莱克伊尔库特山谷中发现的那些树木，那是一片浪漫的峡谷，陡峭的一侧布满各种大理石，一种是白色的，搭配着深紫色的斑点和细小的纹路，另一种是亮黄色的，不亚于最好的赭石，但完全无人触碰。他说，“我们到达了峡谷中被冰雪覆盖的部分，那里生长着高大的白杨树，只有树冠露在冰雪上方；树干埋在深为25英尺的冰雪下，但却枝叶繁茂。我跳下马来，检查了其中几株，发现树干周围有一些空间装满了水，宽9英寸，似乎只有这一圈的积雪融化了。我经常见到花卉穿过浅浅的雪床盛开，但树木在这种环境下生长，还是头一次见到。”②

第一眼看上去，阿拉伯和非洲酷热的沙漠地带似乎了无生机，这些沙漠无疑是世界上最荒凉的所在。但即便在那里，动植物仍然是存在的。荒凉的大漠里散落着几种耐旱的荆棘灌木，撒哈拉的岩黄耆是其中

---

① 无翅雪大蚊（Chionea araneoides）。
② 阿特金森（Atkinson），《西伯利亚》（*Siberia*），第595页。

主要的一种，高约 18 英寸，四季常青；它完全能生长在干旱的沙地里，是商队骆驼的美食。沙洞里也存活着一些甲虫；还有一些敏捷的蜥蜴，它们晒太阳时，浑身散发锃亮的黄铜光泽，遇到危险时则会迅速钻进沙子里。蜥蜴大概是以甲虫为食，但甲虫以什么为食还不太清楚。

在南非，广阔的平原被称为干燥台地（karroos），虽然不像撒哈拉那么寸草不生，但也是广阔的戈壁荒原，经常遭遇漫长的周期性干旱。这些地区生存着一种更奇异的植物，肥厚、弯曲、不成形，通常没有叶子，属于大戟类，与五角星花、日中花、发财树、沉香等类似的多肉植物属。它们会通过一根单独、坚韧的根茎握住下方的沙土，但不是很牢固，营养更多来自天上的露水，而非地下的湿气。在持续几个月滴水不下的旱季，这些平原几乎和北方的沙漠一样贫瘠；但即便此时，地表下方依然积蓄着水库。利文斯顿曾提到一种植物，名叫 leroshua，便是这片沙漠的居民们的福音。“我们见到一种有线状叶子的小植物，其根茎还不如一根乌鸦毛粗；向下挖掘一英尺，或 18 英寸，便可挖到块茎，通常有小孩的脑袋那么大；拨开块茎外的厚皮层，我们发现，它是一个巨大的细胞组织，就像小芜菁一样，装满了液体。由于它埋的位置很深，因此通常很清爽。另一种名叫 mokuri 的植物出现在南非的其他一些持续干旱的地方。这是一种草本蔓生植物，它会在地下存储若干块茎，有些和成人的脑袋一般大，散布在距根茎一码或更远的一个圆周上。当地人会用石头敲击圆周上的土地，如果传出不一样的声音，他们就知道下面埋着装水的块茎。接着，他们会向下开挖一个一英尺左右的深洞，把它挖出来。”①

---

① 利文斯顿（Livingstone），《旅行》（*Travels*），第 47 页。

南美洲的太平洋沿岸也有一些和非洲、亚洲的沙漠一样贫瘠的土地，只是没那么广阔。达尔文先生描述过其中一个地区，他整日穿行其中，称之为“完完全全的荒原”。

他说，“路上散落着许多载货动物的骨头和干掉的皮肉，这些动物直接累死在了路上。除了以尸体为生的老鹰以外，眼前没有其他鸟类，没有四足动物、没有爬行动物，也没有昆虫。海岸山脉的海拔约 2 000 英尺，在这个季节，空中常漂浮着云朵，岩石的裂缝中长着稀少的仙人掌，蓬松的沙土上散落着一些地衣，松散地趴在地上。这种植物属于石蕊属，有点类似于驯鹿地衣。有些地方数量很多，以至于改变了沙土的颜色，从远处看去，显出一种浅黄色。继续向内陆骑行，在整个 14 里格的路程里，我只见到了一种其他植物；那是一种最微小的黄色地衣，长在驴子的尸骨上。”①

火山口内通常是坑坑洼洼的荒原，尽管促成这一地质的岩浆此时处于休眠状态，但此类地方似乎仍然不适合生长美丽的花朵；然而，偶尔确实会有花朵盛开在这样的地方。

托马斯·阿克兰（Thomas Acland）爵士曾登上挪威高大的雪哈滕火山的顶峰，他描述了那座火山口的景象，北边的岩壁已经碎裂，其他方向上是高大笔直的黑色岩石，雪床包裹着它们的底部。火山口内侧沿着一大片积雪降至底部，最下方是一片冰湖，上下相距 1 500 英尺。“几乎在山顶处，”他说，“临近积雪的位置，可能几天前还有积雪覆盖，此时却开出了柔软而美妙的花朵，且正值盛放期，它们是一种冰川毛茛，繁茂地开放着；而它们也并非是唯一的栖居者：周围还蔓生着一些

① 《博物学家的旅程》（*Nat. Voyage*），第十六章。

苔藓、地衣以及各种小型草本植物；下方则生长着矮桦和一种蒿柳，形成了相当漂亮的灌木丛。最上面的雪线上留下了驯鹿的足迹。”①

天空的浮尘中也充满了活的植物和动物，这一点可能是最出乎我们意料的。不仅如此，我们恐怕很少关注那些尘埃的云团——身在孤寂的海洋上方，距陆地数百英里之遥。达尔文曾在临近佛得角群岛时，记下了下面这个有趣的现象：“空气中总是雾气蒙蒙；这是由不可感知的细粉尘造成的，它们对天文仪器有轻微的损伤。在我们停靠普拉亚港的前一天早晨，我采集了一小包这种褐色的细粉尘，它们仿佛经过了桅杆顶部的风向标纱网的过滤。莱尔（Lyell）先生也给了我四小包这样的灰尘，是在这些岛屿的北边几百英里外落在一艘船上的。”埃伦贝格（Ehrenberg）教授发现，这些粉尘中含有大量有硅质背甲的滴虫，②以及大量硅质的植物组织。在我寄给他的 5 小包尘土中，他发现了不下 67 种不同的有机生物！其中的滴虫（除两种海洋滴虫外）均是淡水物种。我找到了不下 15 项关于粉尘掉落在遥远的大西洋轮船上的记录。而基于这些粉尘坠落时的风向，以及它们总是在起燥风（将尘土卷入高空）的月份降临，我们几乎能确定它们都来自于非洲。但非常奇怪的是，埃伦贝格教授了解很多非洲特有的滴虫，但在我寄给他的粉尘中，他一种也没发现；另外，他还在里面发现了两种此前仅发现于南美洲的滴虫。这些粉尘数量庞大，弄脏了甲板上的一切，弄伤了人们的眼睛；甚至有轮船因视线模糊而搁浅。它常常在轮船距离非洲海岸 700 英里，甚至逾 1 000 英里时，有时甚至在北边或南边 1 600 英里以外时降临。

---

① 信件手稿，引述在巴罗（Barrow）的《北欧远征记》（*Excursions in the North of Europe*）中。

② 构成了现代科学中的硅藻。

让我非常吃惊的是，我居然在一艘距海岸 300 英里的轮船收集到的粉尘中，发现了石子的碎屑，尺寸约为千分之一平方英寸，粉尘中还混杂着一些小碎屑。如此看来，比这些碎屑轻得多、也小得多的隐花植物的孢子能扩散开来，也就不值得大惊小怪了①。

在这些情况下我们见证了有机物的持续生存，但我们必须承认，这些环境中并不存在真正威胁生命的元素。雪、热沙子、岩浆、粉尘，似乎都不利于生存，在我们看来，这些环境都很严酷，但实际上，它们并没有什么破坏性。可是对于能在一加仑水配两磅盐的浓盐水中嬉戏的大量生物，我们又该怎么说呢？一般而言，如此浓的盐水足以毁灭一切生命②。然而，在汉普郡利明顿的盐厂里，浓盐水的水库中总是充满大量很好看的小生物，它们几乎只出现在这样的环境中，并拥有一切生存的喜悦。这是一种虾类，通常被称为卤虫（brine shrimp）③。其长度近半英寸，有 11 对叶片状的足。M·乔利（M. Joly）说："再没有比这种微小的甲壳类动物更优美的东西了；它游动的样子优雅无比。几乎总是仰泳，而且速度很快。那些虾足总是不停摆动，它们身体的曲线非常柔软，难以描述。"除了此类生物外，盐水中还栖息着难以计数的大量微生物，呈鲜红色，它们是卤虫的营养来源，并为卤虫的透明身躯赋予了它们的玫瑰色泽。

还有一种类似的生物，但属于另一个物种④，区别是它有着延伸至头顶的新月形背甲，它们栖居在北非含有大量硝酸盐和普通盐分的湖泊

① 《博物学家的旅程》（*Naturalist's Voyage*），第一章。
② 戈德比防腐剂的浓度只是一加仑水配四分之三磅盐。
③ Artemia salina。
④ 这两个物种的插图请见 A·欧德内伊（A. Oudneyi）的《精益求精》（*Excelsior*）第一卷，第 229 页。

里。这种生物数量众多，用棉布网就能捕捉，然后晒成红色的面团或蛋糕的样子，是一种很受欢迎的食材，味道有点像红鲱鱼。

达尔文先生在布宜诺斯艾利斯附近发现了一座浅盐湖，夏季会变成一片雪白的盐田。湖边是散发恶臭的黑泥，那里埋着大量长三英寸的石膏晶体，还有大量的明矾。“在许多地方，污泥都是被某种数量众多的虫子推起来的。居然有生物能在盐水中生存，实在令人吃惊，而且它们竟然在明矾和石灰之间钻来钻去！到了夏天，当湖面变成坚实的盐层，这些虫子又要怎么生存呢？”① 西伯利亚也有类似的湖泊，其中也栖息着类似的物种②。

或许更奇怪的是，鱼类（脊椎动物，远比虾类或虫类高级）可以在足以将鱼烹熟的热水中持续健康地生存下去。布鲁索内（Broussonet）通过实验发现，几种淡水鱼能在人手撑不了一分钟的热水中存活了许多天。索叙尔（Saussure）在萨沃伊的艾克斯温泉中发现了活的鳗鱼，那里的水温一般高达45℃。更不寻常的是，亨博尔特（Humboldt）和邦普朗（Bonpland）在南美洲的火山口里发现了明显很健康的、活生生的鱼类，而那里的水温和热蒸汽的温度接近99℃，离沸腾只差1℃。

这两位卓越的旅行家还到了委内瑞拉的温泉，那里的水温高于90℃，四分钟就能把鸡蛋煮熟。而周围的植物似乎非常享受，生长得繁茂无比，含羞草和无花果树的枝杈高悬在热水上方，根茎则直接扎入了水中。

地下动物是其中一个最有趣的现代科学发现，它们全是瞎子。从地上世界的光明住户到地下黑暗生物的变迁，得益于某些过渡性的条件。

---

① 《博物学家的旅程》（*Naturalist's Voyage*），第四章。
② 帕拉（Pallae），《旅途1793—1794》（*Travels 1793—1794*），第129—134页。

比如油鸱，或曰食果夜莺，亨博尔特在南美洲的一座深邃、阴森的洞穴里发现了大量此种鸟类，它们远离了最微弱的光线，只在夜幕下出洞，土著人对它们怀有迷信般的恐惧。还有草原鼢鼠，一种东欧的鼹鼠，习惯于生活在地下；还有变形虫，一种发现于伊利里亚的庞大洞穴湖中的奇异的火蜥蜴。据信，它们来自于某个巨大的、难以进入的中心水库，从没有光线射进那里，可能是偶发的洪水将其中几只冲了出来，才得以被人类发现①。

我不知道油鸱的眼睛是什么状况，但上面列出的哺乳动物和爬行动物的眼睛只剩下最基本的结构，且完全被薄膜覆盖起来了。

不过，最近对世界几个不同地方的调查揭露出，有大量栖居在阴暗的洞穴或深井中的动物，甚至连眼睛存在的迹象都消失了。主要研究成果来自于北美洲的巨大洞穴（有些深达 10 英里）及中欧广大多岔的山洞；但即便在我们国家，至少有四种微小的虾类，其中三种完全没有视力，第四种也可能没有（眼部有一个黄色斑点）。所有这些物种均发现于英格兰南部郡县的水泵或水井中，离地表有三四十英尺的距离②。

甲壳类动物，有一种半翅目昆虫（Calocaris）似乎也没有视力，前文已经提到，此类物种栖居在令人震惊的 180 英寻的海底，虽然它们有眼睛，但眼睛的表面完全是平滑的，没有刻面角膜，并且是白色的，表示没有色素。这样的结构几乎无法产生视力，这一点也符合此类动物的习性；因为大量的海水会吸走所有的光线，它的周遭完全漆黑一团，此外，它还是一种掘土动物，会钻进海底的泥沙中。③

---

① 戴维（Davy），《旅行的慰藉》（*Consolations In Travel*）。
② 属于雪鳡和褐钩虾属。《博物学评论》（*Nat. Hist. Review*），1859 年，（*Pr. Soc.*），第 164 页。
③ 贝尔（Bell），《英国甲壳动物》（*Brit. Crust.*），第 236 页。

肯塔基州的马默斯洞窟中有很多地下的石灰岩廊道，其中一些非常深。洞内的气温全年都维持在 15℃。里面漆黑一片，没有一丝光线。形形色色的动物栖居其中，都完全没有视力；虽然有些拥有基本的眼睛结构，但似乎不发挥观看的功能。其中有两种蝙蝠、两种老鼠（其中一种的发现地，距洞口 7 英里）、鼹鼠、鱼、蜘蛛、甲虫、甲壳类动物和几种滴虫类动物[①]。

1845 年，斯基奥迪特（Schiodte）教授探索了奥戴尔斯博格附近的三座洞穴和特里斯廷附近的一座洞穴。而科克（Koch）和施密特（Schmidt）等人已经宣布，这些洞穴中除变形虫外，还存在一群没有视力的动物。其一是潮虫，即一种隐翅虫科的甲虫，此外还有两种属于步甲科的虫子，它们都完全没有眼睛，或者只剩下眼睛的最基本结构。斯基奥迪特在此基础上又加入了两种葬甲科昆虫、一种跳虫、两种很特别的蜘蛛（每种都是一个新的类属），以及一种甲壳类动物[②]。再后来，施密特又在这些洞穴中发现了两种新甲虫，它们栖居在最深处，完全没有眼睛，但在考察者的火炬照耀下，它们却能迅速躲进岩缝中；这一点非常有趣，表示它们具备一定的感光能力[③]。的确如此，研究发现，肯塔基州洞穴里的几种脊椎动物虽然没有眼睛，但存在视神经。

关于这些奇异的生物与生活在阳光下的生物之间的真正关联，存在几种不同的看法。有些人认为，它们可能是一些不幸个体的后裔，那些个体在不可知的往昔岁月，误入洞穴中，而无法逃出；由于洞穴里完全没有光线，以及由此带来的视觉器官的荒废无用，最终导致了器官

---

① 《爱丁堡皇家学会学报》（*Trans. Roy. Soc. Edinb.*），1853 年 12 月。
② 斯基奥迪特（Schiödte），《特殊的地下动物》（*Spec. Faun. Subterr*）。
③ 《卢布尔雅纳新闻报》（*Laibacher Zeitung*），1852 年 8 月。

本身的消失，或至少功能的消失。另一些人认为，这些动物原本就是根据这样的环境创造出来的，因此这一切都是合情合理的。也有人［包括已故的柯比先生在其“布里奇沃特论文”（*Bridgewater Treatise*）中］主张，这些生物并不属于如今存在于地球表面的生物群，而是属于另外一套造物体系，比如金星或木星上的体系。但从时间来看，这种看法是没什么凭据的。

查尔斯·达尔文先生最近曾引述这些奇异的现象来佐证其自然选择的物种起源理论，即适者生存理论。他主张的是第一种观点，即由于视觉功能的荒废无用，地下动物的视觉器官在一代代的延续过程中，被（几乎完全）吸收掉了。“在某些螃蟹身上，梗柄留了下来，但眼睛不见了；就好像望远镜的支架还在，但望远镜和镜片消失了。我很难想象，它们的眼睛（虽然无用）能对生活在黑暗中的动物有任何害处，我认为它们的消失完全是因为没有用处。”有一种瞎的动物，洞鼠，拥有巨大的眼睛；西利曼（Silliman）教授认为，当它们在日光下生活几天后，会重新获得轻微的视力。类似的，在马德拉群岛上，基于使用和不使用的自然选择，有些昆虫的翅膀变得很大，另一些的翅膀变得很小，洞鼠也是一样，自然选择似乎对于视力的丧失感到为难，因此加大了眼睛的尺寸；洞穴中的所有其他动物的情况似乎完全归因于眼睛的废置无用。

“……在我看来，我们必须假定那些具备常规视力的美洲动物，在一代一代的延续中，慢慢从外部世界迁徙到越来越深的肯塔基的洞穴之中，就像那些欧洲的动物逐渐深入至欧洲的洞穴一样。对于这种习性的渐变，我们已经有一些证据；比如，如斯基奥迪特所述，‘与常规形态无太大差别的动物负责从光明到黑暗的过渡。接下来是为微光而生的动物；最后是注定栖居在完全的黑暗之中的动物。基于这一观点，当一种动物经过了无数代的演变后，抵达了最深的洞穴，此时，荒废无用已经基本消除了它的眼睛，而自然选择通常也会带来一些其他改变，比如加长触须，作为对失明的补偿。'

……我们不会对一些洞穴动物的奇形怪状感到惊讶，比如阿加西斯描述过的瞎鱼，一种洞鲈属的鱼类，以及将瞎的变形虫与那种欧洲爬行动物的类比，让我惊讶的只是，虽然这些黑暗地带的动物面临的竞争没有那么残酷，但洞穴中却并未留下太多古老生命的遗迹。”①

说实话，对于达尔文先生在理论上坚持的东西，那些完全践踏启示录的内容，我还远远不能接受。但我认为其中存在一定程度的真相。

孤寂的大洋上矗立的荒无人烟、寸草不生的岛礁上，经常充满数量惊人的动物，而航海家或许只看到了纯粹的沉默和死寂，这一点也可以理解。这些岛礁是千百万海鸟的乐园，广阔无垠的大海是它们的家，但它们需要一些坚实的地面来下蛋和孵化后代。这样的小住每年只持续数周，这段时间似乎构成了这些远洋海岛与土地的唯一联系。在这个季节里，无以计数的鹈鹕、塘鹅、鲣鸟、鸬鹚、军舰鸟、热带鸟、信天翁、臭鸥、贼鸥、海燕、海鸥、燕鸥、海雀，以及各种其他鸟类都蜂拥至这些贫瘠的岛礁之上，让这些死寂之地顿时焕发出可怕的生机。勒·瓦扬（Le Vaillant）曾生动地描述过人类侵入这一场景时的画面。“忽然间，岛上升起一团不可穿透的云团，在距离我们40英尺的上方盘旋，形成一张广大的天篷，铺天盖地，全都是姿态各异、种类各异的鸟类，鸬鹚、海鸥、海燕子、鹈鹕，我相信，非洲这一带产出的每一种鸟都聚集在了

① *Op. cit.*，p.137.

这里。所有鸟的鸣叫都混在一起，不同的鸟的声音也不同，高高低低，构成了一曲可怕的音乐，我不断掩住头，让耳朵稍微清净一下。我们引发的警告在这些无以计数的鸟类军团中传播开来，我们打扰了雌鸟坐巢的地方。它们要防卫巢穴、鸟蛋及雏鸟。它们像气势汹汹的鸟怪一样冲我们而来，叫声震耳欲聋。它们经常会飞到我们近前，在我们的脸上拍动翅膀，我们不断开枪示警，但它们丝毫不为所动：要驱散这个云团几乎是不可能的。”

通过达尔文先生描述的位于大西洋中心处、赤道下方的圣保罗群岛的情况，我们就知道这些孤立的岛礁是多么荒芜了。从远处看，这些岩石显出一种亮白色，部分归因于无数海鸟的粪便，部分归因于一层透着珍珠光泽的坚硬而光滑的物质，这层物质与岩石表面严密地结合起来。这似乎是某种磷酸钙物质，是海鸟排泄物溶于水后的产物，它们形成了叶片似的造型，貌似地衣或钙质水藻。

这里没有一点植物的痕迹，动物则为数众多。鲣鸟和黑燕鸥带着令人吃惊的温顺，立在光秃秃的岩石上，似乎比周遭的凶猛鸟类要迟钝一些。“许多巢穴旁边都放着一条小飞鱼，我猜大概是雄鸟为它们的伴侣捉来的。而非常有意思的是，每当我们打扰一对海鸟父母时，你就会看到一只块头很大、动作敏捷的螃蟹（方蟹属，住在岩石的裂隙里），从那些巢穴的旁边以迅雷不及掩耳之势将鱼偷走。W · 西蒙兹（W. Symonds）爵士是少数几个到过这里的人之一，他告诉我，他甚至见过这些螃蟹将雏鸟从巢穴中拖走，大快朵颐。”这座岛礁上没有一株植物，甚至没有地衣；但却栖居着好几种昆虫和蜘蛛。我相信，下面这份清单涵盖了那里的所有陆地生物：一种双翅目昆虫（Olfersia），依靠鲣鸟活命，一种扁虱，一定是寄生在海鸟身上来的；一种很小的褐色飞蛾——

属于以羽毛为食的类属。有一种甲虫为颊脊隐翅虫属（Quedius），有粪便下面的一种潮虫，最后还有数不清的蜘蛛。我猜大概是以前面这些较小的居民以及吃水鸟尸体的食腐动物为食。过去人们常常认为太平洋的珊瑚岛礁形成后，最初由气派的棕榈树和其他高大的热带植物占据，接着鸟类来到，最后是人类。这种看法大概并不准确。我担心这个推论会毁掉这个故事的诗意——那些以羽毛和泥土为食的生物，以及寄生昆虫和蜘蛛才是这些新的大洋陆地上的首批居民①。

我们通常以为只能在陆地上生存的生物，却出现在无边无际的海洋中，这一点即使在无意于博物学的人看来，也是非常有趣的现象。航海家们经常提到一些陆地上的鸟类出现在它们的轮船上。这些鸟类并不是惯于远洋迁徙的候鸟，而是一些体型娇小、翅膀柔弱的鸟类，比如雀鸟和鸣鸟。更不寻常的是，这些环境中还有昆虫的足迹，并且相应的例子并不少见。达尔文先生曾表示，他在距离科林特斯角 17 英里的地方、拉普拉塔的入海口，发现了大量活生生的、看上去没受什么伤的甲虫，在开阔的大海里游动，这景象让他惊讶不已。它们很可能是被河流带入大海的，特别是有几种还是水甲虫。但踏上远洋行程的飞行昆虫就不是这么简单了。这同一位博物学家在同一道海岸的 10 英里外看到了各种成群的蝴蝶（主要是粉蝶属）。它们铺天盖地，无以计数，海员们高声称之为“蝴蝶雪”，目光所及，全是它们的身影，即便用望远镜，也望不到一片没有蝴蝶的空间。当日天气晴朗，风平浪静，前一天也是如此，因而无法宣称它们是被大风强行从陆地上吹来的②。

---

① 《博物学家的旅程》（*Naturalist's Voy.*），第一章。
② 《博物学家的旅程》（*Naturalist's Voy.*），第八章。

在以上例子里，陆地尚在常规的飞行距离内。那么，当这些带着轻薄翅膀的脆弱生灵飞过 500 或 1 000 英里的距离，我们又该如何解释呢？戴维斯（Davis）先生曾记录到，他在 1837 年 12 月 11 日见到一只巨大的蜻蜓（JEshna 属）飞到了他乘坐的轮船上，当时他们远在大洋深处，最近的陆地是 500 英里外的非洲海岸①。

已故的纽波特（Newport）先生在 1845 年对伦敦昆虫学会发表主席报告时，提到了这个有趣现象的另外两个例子："桑德斯（Saunders）先生在我们 12 月的会议中展示了一个 JEshna 物种的样本，那是我们的通讯成员斯蒂芬森（Stephenson）先生去年在前往新西兰的轮船上捉到的。这个样本是一个可以辨识的非洲物种，但他捕捉的地点在大西洋上，距非洲的直线距离超过 600 英里。它十有八九是被信风吹到大洋上的，当时正值信风不断的季节，风向与斯蒂芬森先生的轮船航道呈 45° 角。另一个例子是我刚刚了解到的，出自戴森（Dyson）先生给卡明（Cuming）先生的信中。"戴森先生写道，去年 10 月，在距佛得角群岛 600 英里、距瓜达鲁佩岛 1 200 英里的海上，他发现了一只巨大的蝴蝶绕着轮船翻飞，显然是闪蝶属②，但他没能捉到它。这些事例都是由不可能弄错对象的昆虫学家讲述的，因此完全可信。在生理学讨论的层面，这些例子非常有意思，这些昆虫是我们的最爱，它们似乎具备了不起的飞行能力，并以极快的速度跨越大洋，不论是源自于肌肉力量的施展，还是完全

---

① 《昆虫学杂志》（*Entom. Mag.*），第五卷，第 251 页。

② 如果那只蝴蝶确实是闪蝶（戴森先生是富有经验的鳞翅目昆虫学家，不太可能在如此不寻常的蝴蝶上犯错），那它既不会来自佛得角群岛，也不会是来自安的列斯群岛，而只会来自南美洲大陆，因为只有那里才有此类蝴蝶。而观察者所在的位置到那片大陆最近的距离也不少于 1 500 英里。

借助风力。我自己的看法当然是，相比我们通常认为的那样，肌肉力量的施展对于它们的飞行微不足道，也就是说，这些例子里的昆虫大大仰仗了风向的辅助。它们跨越大洋时一定具备的速度似乎也证明了这一点。众所周知，JEshna 若得不到所需的食物，只能生存几天时间。

大西洋是各国的高速公路，因此相比其他大洋，我们对大西洋的观察要丰富得多，但类似的现象在其他地方也同样存在。亨博尔特曾提到，他在太平洋上的一个距离海岸非常遥远的地方，见到过巨大翅膀的鳞翅目昆虫（蝴蝶）落在轮船甲板上。

同样惊人的事例还有：带翅膀的昆虫会出现在海拔非常高的地区。索叙尔在勃朗峰的峰顶见到了蝴蝶，巴蒙德（Bamond）在佩迪山上人迹罕至的地方也看到了它们。弗里蒙特（Fremont）船长在北美洲落基山脉的高峰上见到了蜜蜂，那里的海拔高达 13 568 英尺。胡克医生在喜马拉雅山脉、海拔 17 000 英尺的地方发现了大量昆虫；其中，除甲虫和大量双翅目昆虫以外，还有粉蝶属、仁眼蝶属、网蛱蝶属和眼灰蝶属的蝴蝶。亨博尔特在秘鲁安第斯山脉海拔更高地区的终年积雪之间看到了蝴蝶，但他认为它们是被上升气流强行带到那里的。而同一位伟大的博物学家在 1802 年 6 月，同邦普朗、蒙图法尔（Montufar）一起攀登钦博拉索山时，曾在海拔 18 225 英尺的地方，遇到一些双翅目昆虫在他身边嗡嗡作响；邦普朗则在海拔稍低一些的地方，看到了一些黄色蝴蝶在地面上翻飞。

在这一章的结尾，我想再举两个动物出现在不寻常地方的例子，相比前文而言，这两个例子的科学性或许较弱些，但可能更有趣一些。鱼能飞上天已经够奇怪的了，但更让人意想不到的是，它们竟然会通过在水外睡觉，以此来确认它们的类属名称① 。不过，科策布（Kotzebue）倒是很乐意拥有这样的不速之床伴：

“夜晚很温煦，”这位航海家观察道，“我们总是在甲板上睡觉，以缓解白天的炎热。一天夜里，我迎来了一位意外的不速之客。一个冰凉的动物在我身边不停抖动，弄醒了我，我抓住它，一开始感觉着它在手里扭动，还以为是一条蜥蜴。我想可能是在智利和木材一起被带上船的。但仔细检查后，我发现手中是一条飞鱼，我大概是第一个在睡梦中抓住飞鱼的人了。”②

第二件事的地点离我们更近一些。

1859 年 10 月 25 日的狂风为南德文郡的海岸带来了巨大破坏，当天，一位住在海岸不远处的绅士碰上了一件趣事。当时他正坐在窗边，门廊的窗户开着，一道汹涌的绿色海浪突然向他的房屋卷来，全力砸向那扇窗。他来不及关窗，只好转身离开。他关上了身后房间的门，以尽可能减轻海水对房屋的影响。过了一会儿，他回到那个房间查看灾情，结果却发现地板上充满了扑棱跳动的鱼。海浪带来了大量牙鳕，将它们留在了这位好人的地毯上。鱼被抛出了水，令他欢喜不已，却令鱼群懊恼。

---

① 飞鱼的名字为 Exocaetus，源自希腊语，意为离开大海睡觉。**from ἔξω. out. and κοιτάω.** 希腊人幻想这种鱼会在水外睡觉。

②《旅程》（*Voyage*），第一卷，第 145 页。

第四章

更小的

博物学中有不少关于下面这句话的建设性案例

“小事会带来多么巨大的效果。”

这些内容很值得研究，它们向我们展现了上帝智慧的一个特殊层面，在上帝面前，没有什么是伟大的，也没有什么是渺小的。大自然中的一些最宏伟的操作都是程序的结果，而劳工的力量显然十分虚弱，完全不足以打造出它们；而当我们能机智地追溯到它们的源头，将会激发出一种惊奇感。因此，我提议用本章来思考几个这样的问题，它们与博物学家的领地更直接相关。而基于这些操作的本质，可以将它们分为建设性和破坏性两类。

太平洋里那些阳光明媚的小岛牵连着多少诗意的梦啊！对于大洋波涛间的那些水平如镜的潟湖，我们怀抱着多少浪漫的想法啊，狭长清浅的珊瑚礁在海面浮现，椰子树耸立在水面的边缘！它们在我们的心中是如此美丽，而我们心中的那些画面都源于库克（Cook）、科策布、比奇（Beechey）、斯图尔特（Stewart）和埃利斯（Ellis）以及达尔文（Darwin）和奇弗（Cheever）等人的描绘。如果我们了解这些千万座的岛屿，这些无边无际的暗礁，这些约束着凶猛大洋的巨大屏障，是由微小、柔软的海葵，由骨肉的粒子，由懒洋洋的、仿佛无依无靠的活动的果冻块组成的，它们每个个体的大小尚不及蜷缩在树篱边的最微小的花朵——此时，我们心中的惊奇非但没有被所驱散，反而大大地加深和加强了。“当旅行家们告诉我们金字塔的庞大体量时，我们总是惊讶不已，但相比这些由各种微小、柔弱的动物积聚而成的石山而言，最大的金字塔又算得了什么呢！这样的奇观不会立刻打动我们肉体的眼睛，但经过思量后，却能打动我们的理性之眼。”[①]

我刚刚引述过的那位著名博物学家通过研究向我们展示，这些珊瑚虫并没有构建在礁石和岛屿周边深不可测的海底。相反，他似乎在暗示，珊瑚虫无法生存在深度超过 30 英寻的地方；不过，不论热带海洋里的情况如何，在我们的北方纬度中，我们已经在深度远超 30 英寻的海底，发现了活的珊瑚和它们构建复杂的珊瑚群落。不过，假设没有珊瑚礁能在深度超 30 英寻的地方形成，建设的本能无法在这一深度以下继续下去，那么，从裙礁、堡礁和环礁的实际情况来看，唯一合理的假说是由达尔文提出和大力主张的，即整个太平洋区域在缓缓下沉；所有岛礁和岛屿都是过去的山峰；而所有珊瑚结构原本都在浅水处依附于陆地，而不论它们现在位于多深的位置，都仅仅是死亡状态，它们与自身

① 达尔文（Darwin），《博物学家的旅程》（*Nat. Voy.*），第二十章。

依附的土地一同下沉，才到了现在的位置；而一代代的活体珊瑚虫不断沿着过去的尸体组成的地基，向上移动，并在接近水面的地方维持着活体珊瑚的结构，与原初的地基呈现几乎一样的轮廓与造型。

我的目的不是要介绍这个美丽理论的细节，而是要基于那些亲眼看过它们的人的描绘，向读者展现这些精妙的结构本身的一些生动画面。在热带岛礁的沿岸，海水极其清澈，珊瑚丛清晰可见，从蔚蓝透亮的海底浮现出来。它们形式各异，有些很大，圆融的表面下藏着蜿蜒的孔穴；有些像是蜂巢，由不同角度的薄片组合而成；也有很多像树木或灌木，只是枝杈上没有叶子，但同样都枝节横生，有些尖细，有些粗圆。水面下方，整个表面都覆盖着一层果冻般的肉体，五颜六色，由无数微小的珊瑚虫聚合而成，它们伸展着纤细的触须，并从各自的舱体中展开圆盘。即使被切开，只要保留着象牙色前端的一圈浅紫色圆环，那些枝杈依然非常精美，但它们的色彩很快就会消失。在水下粗鲁地触摸它们，也会让那些可爱的色彩——鲜红色、橘红色和翠绿色——消失不见，因为警惕的珊瑚虫会纷纷后撤，但很快，它们又会再次伸出，展露原本的可爱面貌。

这些花园本身已经非常有趣，而那些从灌木丛中穿梭往返的各种奇怪生物，更加增添了它们的趣味。色彩艳丽的鱼类，雅致的贝壳，以及贝壳内的暗淡斑驳的生物，那些鲜红色和黄色的小爪子，那些身形狭长的滑动的绿色虫子，以及紫色的长满刺的海胆，都在这些珊瑚里安营扎寨，在晴朗的太阳下安居乐业。

最令人震惊的则是这些微小的劳工们打造的建筑的尺寸。“在汤加塔布的珊瑚礁的内部岩石里，一些微孔珊瑚的样本，直径可达到 25 英尺；斐济的脑珊瑚尺寸为 12～15 英尺。整个平台仿佛一条巨大的人行道，只是这些硕大的体块间的水泥材料比任何人造工事都更加牢固。”

“有时，堡礁会从岸边后撤，构成宽阔的水渠或内海，为轮船提供充沛的空间和足够深的水域，只是有遇到暗礁的危险。新荷兰和新喀里多尼亚东北海岸上的珊瑚礁绵延 400 英里，距离海岸 30～60 英里不等，由此造就的水渠的水深可达数英寻。在大斐济群岛以西，有些地方的此类水渠宽达 25 英里，深达 12～40 英寻。单桅战船孔雀号曾在维提岛和瓦努阿岛的西海岸航行，航道就位于内圈的珊瑚礁内，绵延逾 200 英里。”

“堡礁环绕着一片潟湖，这是珊瑚礁岛的常见造型，也有一些较小的岛，只有堡礁，没有潟湖。它们都处在各种各样的成形阶段：有一些，珊瑚礁狭窄而破碎，构成了一连串狭窄的岛礁，面向一座潟湖；另一些，只剩下中心处地表的洼地，指示着潟湖原本的位置①。最漂亮的是一些完全封闭起来的潟湖，构成了宁静的湖泊。金斯米尔群岛中的马拉基岛是太平洋上最美丽的珊瑚岛之一。植被的脉络连绵不断，从桅顶看去，仿佛一只漂在水上的花环。”

“一开始从甲板上望过去，只能看见几个贴着地平线的黑点。不一会儿，那些黑点放大为了椰子树的树冠，然后，一条断断续续的绿色线条沿着水面浮现了出来。更靠近一些后，湖泊和它翠绿的条带在眼前铺开，另一幅更有趣的画面几乎令人难以想象。海浪沉重而响亮地打在珊瑚礁上，与远处的景色形成鲜明对比：白色的珊瑚沙滩，枝叶繁茂的树丛，围拢其中的湖泊以及一些袖珍的岛礁。潟湖的颜色常常和大洋一样蔚蓝，但只有 15～20 英寻深；在沙丘和珊瑚丘靠近水面的地方，也穿

---

① 这一点不符合达尔文的沉降理论。

插着一些绿色和黄色的配色，那种绿色是一种精致的苹果绿，完全不同于浅水中常见的浑浊色调。”

“这些翠绿的花环仿佛挂在杯沿上，杯底则埋在深不见底的海水中。在克莱蒙特汤纳雷（Clermont Tonnere）以西 7 英里，铅块下垂了 1 145 英寻（6 870 英尺），仍未触底。在岛屿南端以外的四分之三英里处，铅块先是在 350 英寻的地方顿了一下，随即又马上坠落到 600 英寻处，也仍未触底。潟湖通常很浅，但在一些较大的岛屿，声波的探测结果显示其深度可达 20～35 英寻，乃至 50～60 英寻。”①

珊瑚结构的形成速度是一个有趣的研究课题，这方面也形成了一些不同的见解，有人坚称在几年时间里，珊瑚礁没有明显增加，另一些人则认为，其成形的速度非常惊人，以至于太平洋正被快速填满。达尔文的沉降理论驳斥了这个结论，但这一理论本身与生长速度无关。而一些实地记录显示出，在某些情境下，珊瑚的生长速度很快。为了让一艘在岛上建造的纵帆船从潟湖进入大海，人们在基林群岛的珊瑚礁上挖出了一条沟渠，而 10 年后，这条沟渠中几乎又长满了活珊瑚。有人在马达加斯加开展了一项有趣的试验，将几大块珊瑚群撑在距水面 3 英尺的位置。7 个月后，人们发现这些珊瑚已经几乎快长到了水面，并且坚实地固定在了海底的岩石上，横向也扩展了 7 英尺；这速度简直快得不像话！

于是，有人提出了一个绝妙的问题：在需要的时候，能否在靠近热带的地区，利用珊瑚虫来建设防坡堤和礁石呢？阿加西斯教授已经证明，要获得植物性动物的活体样本并保存它们，然后在闲散时间里研究

① 奇弗（Cheever），《桑威奇群岛》（*Sandwich Islands*），第 153 页。

它们的习性和动作，这一点并不困难。那么有人就问了，就像我们利用蚕一样，通过给它食物和材料，让它为我们吐丝，就像我们按照自己的心意，在适宜的地点种植牡蛎、构造牡蛎床一样，难道我们不能把珊瑚这种岩表植物也利用起来吗，比如构建一座灯塔的地基，或者在需要的地方建设防坡堤？而从当前对这些繁忙的海底建造者的科学观察来看，这样的想法绝非天方夜谭①。

现在我们来看另一类同样很了不起的劳工，虽然它们本身渺小得不可思议，如果说它们之于珊瑚虫，就像老鼠之于大象，已经是大大的夸张了。实际上，即使最敏锐的眼睛也看不见它们，除非大量聚集起来。这就是硅藻。

最近几年，显微镜观察家们的注意力越来越被一种有机物部落占据，它们生存在世界各地，主要存在于淡水和盐水中，种类五花八门，形状和特征也千奇百怪。它们有一层玻璃状的壳，由火石构成，内部包裹着一种有颜色的柔软材料，通常呈金黄色或棕色，称为细胞内色素，外壳则称为藻细胞。后者有一种明确的造型，通常极其雅致，而且基本都点缀着一系列斑点，或为凸起，或为凹坑，排列方式千变万化，精巧繁复。它们可以单独存在，但更常见的情况是衔接成长长的链条，或其他样式，这些就是硅藻。它们会产生联动效应，因此最开始发现时，被当成了某种动物；但现在普遍认为它们是一种很低级的植物。

这些微小粒子对于我们这个世界的影响几乎令人难以置信。“整个海底，”巴克莱·蒙哥马利（Barclay Montgomery）观察道，“似乎

---

① 奇弗（Cheever），《桑威奇群岛》（*Sandwich Islands*），附录，第310页。

很大程度上都由此类物质组成。约翰·罗斯（John Ross）爵士等北极探险家曾提到有一座巨大的维多利亚堤岸（Victoria Barrier），长400英里，宽120英里，几乎完全由滴虫构成。过去一周，我在研究2 000英寻的海底传回的声波，就取自那个大西洋电波不幸中断的地方；虽然数量极少，但我还是发现了很多有趣的造型。艺术中被称为风化硅石的物质，几乎完全由硅藻的硅质外壳的化石沉积物构成，这种材料非常坚硬，由此成为一种打磨金属的绝佳工具；这些化石沉积物储藏规模庞大，分布在世界很多地方。”美国的里士满小镇就建造在由此类材料构成的地层之上，该地层厚达20英尺；在加州及整个美国，在波西米亚及整个欧洲和非洲，甚至在我们自己的国家，都存在类似的地层，当然，构成这些地层的物种各不相同。我有幸对智利科皮亚波附近奇异的化石滩做过一番调查，这些化石滩正逐渐硬化为石头。虽然这片化石滩距离当前的海岸有一英里，而且高出海平面180英尺，但我在那里和在当前的海边都发现了同一种硅藻；这种硅藻也以化石状态出现在了泥炭土、煤、沼铁矿石、火石以及白垩沉积岩中。由此来看，从地质学层面可知，虽然它们的个体不可见，但集合起来却构成了地壳中非常重要的一部分，比历史上存活过的所有巨兽的贡献都大。那么，这些物体到底有什么用呢？可能很大程度上，它们构成了在组织上比它们更高级的所有小型水生动物的食物；在研究虾类时，我经常发现它们的胃部（位于眼睛下方）完全塞满了硅藻。硅藻的硅质外壳会近乎完好无损地穿过虾的身体，但可以肯定，其内部结构，即细胞内色素，会被消化掉，成为养分。由此来看，我支持将其与海鸟粪关联起来，海鸟粪是最充沛的化石硅藻的来源。我们在其中发现了大量的硅质外壳，实际上，此类外壳存在与否已经成为鉴别海鸟粪的关键依据；这些硅藻一定是先被一些小型海洋生物吃掉，随后，这些小生物又被鱼吃掉，而鱼又被鸟吃掉：我注意到，有些海鸟粪样本中的硅藻比例不到百分之一。一位来自卡亚俄的通讯员在辛茶（Cincha）海鸟粪岛上写信给《伦敦新闻画报》，说过去 10 年来，这些岛屿的海鸟粪出口量大增；眼下每年要出口 30～40 万吨：如此，经保守计算，仅这一个地方，每年就要运走 500 吨硅藻。

沃利奇（Wallich）博士在近期发表的一些非常有趣的研究中，进一步探讨了这些强大又渺小的生物所发挥的作用。经他查明，它们是以独立游动的状态存在的，且存在于各种海洋地带和各种各样的深度中；它们的数量不可计量；它们构成了大量软体和甲壳类动物的食物来源，后两类动物又构成了深海中大部分巨型生物的食物。约瑟夫・D・胡克（Joseph D. Hooker）医生提到南极洲的海洋中存在大量硅藻；令他震惊的是，有大量硅藻明显嵌在冰层之中，或是在巨浪的作用下，留在了冰层表面。

沃利奇博士发现，孟加拉湾和印度洋的海面上存在大量的微小生物，它们构成了黄色的条纹、鳞片和丛生的状态，其中还穿插着一些光点，仔细检视后，可以看出它们正是那种有机生物。不过，直到他进入大西洋，抵达了好望角与圣赫勒拿岛之间的海域后，才真正见识了它们的庞大规模[①]。

“正是在这里，在微风习习的明媚天气里，轮船经过了大片的海域，其中蜂拥着一种纽鳃樽科动物的躯体，仿佛连绵不断的果冻。由于当时的船速很快，它们在纵向上的分布无从分辨。不过，它们似乎一直延伸

① 见 1860 年 1 月的《博物学年鉴》（*Annals Nat. Hist.*）和 1860 年 1 月的《微生物学季刊》（*Quarterly Journ. Micr. Sci.*）。

到很深的地方，而且很像高纬度上被称为鲸鱼食物的那种聚合物。这些纽鳃樽科动物的每个个体大约长半英寸；但非常密集，抛下一个铁圈扎的拖网能收获半立方米的猎物，但滤掉海水后，只剩下一层厚厚的明胶。每个个体都呈现为一个微小的可消化的黄色空腔，像谷粒那么大，其中含有硅藻、有孔虫及其他有机粒子。”

“即便硅藻和有孔虫只构成这些生物饮食的一小部分，它们的数量也会非常庞大，而且一定存在无休无止的、海量的供给更新，而同样众多的硅藻消耗者们，反过来，又会成为巨大的鲸类动物和其他大型海洋生物的食物，如此一来，我们至少能在某种程度上推测出深海沉积物的堆积方式。”

同一位观察者还非常巧妙地用这些事实解释了一个棘手的问题，即白垩岩中大量火石的来源。此类岩球中存在大量硅藻，但难点在于它们为何会积聚成这些不规则的块体。一个假说解决了这个问题：它们是鲸鱼的粪便：硅藻中不可溶解的部分，最初由软体动物吞下，随后，那些软体动物又葬身于鲸鱼的腹中。“我们发现，硅藻、多囊虫（Polycistina）、等棘虫（Acanthometrae）和多孔动物的硅质粒子不仅非常纯净，而且它们在相当程度上都出现在一种适宜于溶解或积聚流程的细分状态之下。我们看到，它们一开始被纽鳃樽科动物从海水中积聚了起来，而经过这些生物的消化过程，它们最终完全（或几乎）摆脱了身体中柔软的部分。我们又发现，那些数量多到不可思议的纽鳃樽科动物几乎构成了最大型鲸鱼的全部食物来源；因此，我们可以推断，在鲸鱼复杂的肠胃结构里，硅质粒子的聚合过程还在持续，并且规模庞大，并得到了碱液的辅助，随后，这些聚合物相继被排出，然后没有阻碍地缓缓堆积在了海床上。”

达尔文曾提到在基林群岛附近的海域见到过某种一团一团的东西，他虽然未指明那些东西是什么，但就他的描述来看，它们无疑就是硅藻。但海上出现的有颜色的条纹和条带不能都归于植物：其中一些显然具有动物特质。达尔文也在智利的海边观察到了如下现象。轮船经过一片宽阔的红色水域，经过显微镜观察，水中充满了微小的活的生物，四处乱窜，并且经常会炸裂开来。它们有一圈波动的纤毛，可辅助游动，由此判断，它们可能是某种环节动物的幼虫。这种生物非常小，裸眼几乎不可见，体长不超过千分之一英寸。数量则难以计数，最小的一滴水中也含有非常多的个体。有一天，他们经过了两片这样的有颜色的水域，仅其中一片就绵延数平方英里。其中到底有多少这样的微小生物，简直无法想象！

其他航海者也提到了这样的例子：大片大片的海水明显被染上了的颜色；和M・莱松（M. Lesson）在利马附近看到的红色海面一样，加州附近的此类海面被称为“朱砂海（Vermilion Sea)”；最近，E・坦南特（E. Tennent）爵士又提到了锡兰附近的海面也呈现类似色泽，而据他查证，这归因于滴虫类微生物的存在[①]。

科策布观察到，在巴西的海边有一条深褐色的条带，宽约12英尺，长度目力不可及。他发现其中包含着无以计数的微小的螃蟹，以及一种水下海藻的种子（或气腔？）。

在北冰洋的某些水域，海水并非透明无色，而呈现一种浑浊的深绿色。斯科斯比（Scoresby）发现，这归因于不计其数的极微小的水母。

---

① 《锡兰》（*Ceylon*），第一卷，第53页。

他计算出，在两平方英里的范围内，假设这些生物向下延伸至两百五十英寻的深度，（这种可能性很小）其中所包含的水母的数量，假设有8万个人从创世之初一直数到现在，哪怕每周可以数100万个，也数不清！然而，根据计算，这种“绿水”在格陵兰海占据的面积不亚于两万平方英里。这是一个多么渺小又伟大的联盟啊！

“一些以种子为食的小型动物，特别是鸟类，为地球的植被丰富性做出了巨大贡献，这一点在许多人看来是没什么疑问的。在许多情况下，种子的散播都呼应着特定的方式和独特的结构，蒲公英的冠毛、牛蒡的粘钩子都是这方面的例子。但在很大程度上，鸟类的胃部也会发挥很大的作用，种子被它们排泄出来时，往往毫发无伤，而且得益于鸟类胃部的热量和浸泡的作用，反而变得更容易发芽了。”“平凡琐碎的因造就了春天强大的果”——同一门学科的一位密切观察者也验证了这句箴言。毫无疑问，我们的最繁茂的森林的形成很大程度上都归功于四足动物和鸟类的协助。朱顶雀、金翅雀、画眉、戴菊莺等，均以榆树、梣树的种子为食，它们会将这些种子带到树篱中，随后，在灌木和荆棘的保护和孵育下，这些种子最终会生根发芽，长成繁茂的大树。许多高大的橡树都是松鼠种下的，而无意中，松鼠也在它们侵扰的领地里，获得了并非微不足道的恩惠。临近秋天时，这些精打细算的小动物会爬上橡树的枝杈，剥出橡子，然后埋进土里，作为寒冬的储粮。但它们很可能没有足够持久的记忆力，无法找出藏好的每一颗橡子，这样一来，有一些橡子就留在了土里，来年生根发芽，最终长成壮丽的大树。秋天，山鸡会吞下大量橡子，其中一些橡子会穿过山鸡的胃部，被排泄出来，然后可能会生根发芽。五十雀也常常成为间接的播种者。在剥掉枝杈上的山毛榉坚果后，这种有趣的鸟类会来到它们偏爱的一种树上，其树干很不平整，它们会通过巧妙的调度，将坚果塞进树皮的裂隙中。在这个过程中，经常会有坚果掉落，随后则会借助于冬天的湿气，生根发芽。人们在五十雀出没的地方经常会发现很多小的山毛榉树，显然就是被这样栽下的[①]。

不过，小生物的破坏性倾向和力量可能并不亚于建设性的一面。在麦瑟斯·柯比（Messrs Kirby）和斯彭斯（Spence）引人入胜的《昆虫学概述》（*Introduction to Entomology*）中，至少有5封信都在谈论昆虫带来的危害，有2封谈到了它们带来的益处。前者都是一些骇人听闻的事例；这些微小的生物对我们的农田、我们的花园、我们的果园、我们的森林，更不用说对我们的家畜及我们自身造成的伤害，都在信中得到了认真评估，读完后，我们深感那句东方谚语所言不虚：切勿轻视最微小的敌手。

在所有过往的时代，蝗虫一直被颂扬为上帝的惩罚之一；《圣经》中也记载，古时候，蝗虫经常被释放至罪恶的国度。从外表看，这种生物不过只是一些蚂蚱，绝不比孩子们在夏季的田野里追逐和捕捉的那种叫声悦耳的生物更强大；然而，东方人却为其赋予了何等恐怖的意涵！穆罕默德常用蝗虫形象地表达真主的力量："我们是伟大真主的军队；我们产下了99只卵；而当第100只卵落地之时，我们将毁灭整个地球，与地球上的万物。"

就在前一段时间，报纸上都在谈论德国那些高大的橡树和松树林里最恐怖的场面。据称，千百万茁壮的树木都因一种甲虫的隐袭而倒下，这是一种非常小的动物，它们会将虫卵产在树皮内，随后，幼虫会

① 《动物学家》（*Zoologist*），第442页。

刺入树皮，进入树干，毁坏树木各部分间的关键联系，阻挡树液下行的路径，进而导致树木迅速干枯、死亡。

法国北部的公共林荫大道上经常种满高大的榆树。但如今，许多地方的此类树木正在类似的虫害中快速消失。我们自己的都市公园和园林中的巨大而古老的榆树也变得非常细，人们已经相当警觉，也已经开始利用科学手段，应对这一不幸的局面。巴黎附近的文森森林里已经有5万棵树（主要是橡树）毁于一旦。在所有这些例子里，那些微小而强大的害虫都属于小蠹属。

幸好我们所在的地区，白蚁这种“印度灾难”（calamitas Indiarum）的侵蚀能量只出现在新闻报道之中；各种各样的林地（只有一两种除外）都是它们的攻击对象；它们不屈不挠，数量又多到难以置信，只需一两个晚上的时间，一整座房屋的所有木质材料就会在它们眼前化为灰烬；而每一只白蚁并不比我们森林中常见的红蚂蚁更大。它们不喜光线，喜欢在遮蔽处作案：因此在攻击一棵树、一根柱子、一艘船或一张桌子时，它们总是先吃光内部，只留下尽可能纤薄的外部材料。在它们完成劫掠之地，经常会看不出有任何破坏，但只要最轻柔的触碰，便可让看似坚固的结构夷为平地，仿佛一座纸牌屋坍塌在漫天灰尘之中。不过，如果对象是房屋的支柱，必须支撑住当前的一切重量，这种情况下，它们则具有一种避免房屋倒塌的本能，因为倒塌会殃及自身，它们的做法是：慢慢在空心的柱子里填满某种砂浆，只留下一条很细的通道；如此一来，这些支柱会从木材变成石材，并保留原本的坚固性。

福布斯在其《东方记忆》（*Oriental Memoirs*）中记下了一件并不罕见的白蚁复仇的例子，非常有趣。他有一次出门几周时间，再回来时，他发现公寓里有一系列明显的隐蔽路线，通往屋中的一些带框的版画。画框的玻璃表面显得很黯淡，而框架上布满了灰尘。“想擦掉那些灰尘时，我吓了一跳，我发现玻璃已经固定在了墙上，而不是我离开时那样悬在画框里，周围全是白蚁留下的结壳，它们已经吃掉了贵重的画框和背板，以及大部分的纸张，只留下空空的玻璃被结壳固定在墙上，而这些结壳正是它们劫掠过程中形成的隐蔽路径。”

史密斯曼（Smeathman）曾提到有一大桶陈年的马德拉葡萄酒被一票这样的昆虫盯上，搞得一滴不剩，就因为它们很喜欢那些橡木桶板。E·坦南特爵士也遇到过类似的情况；他曾抱怨道，在锡兰，他的一箱葡萄酒短短两天内就被塞满了相当坚硬的黏土，他只在瓶塞爆开处发现了白蚁的踪迹。

它们会溜进办公室和橱柜，贪婪地饕餮一切纸张和羊皮卷，“如果一架书挡在它们的行进道路上，其中将被挖出一条条的洞穴。”因此，如亨博尔特观察到的，在美洲的整个赤道区域，也包括之前世界气候与之相似的地区，只要是没有对白蚁采取特别防范措施的地方，都很难找到有任何超过半个世纪的文献资料。

不过，尽管这些小昆虫的本能让它们与人类产生了冲突，而且迄今为止它们一直是人类的敌人，总是不屈不挠地集团作战，以弥补个体力量的匮乏，但如果我们只从这个角度观察它们的话，将会产生严重的误解。作为一种个子小却能办大事的生物，我们千万不能只将它们视为人类的梦魇，实际上，它们也是热带原始森林中的清道夫；它们会清理倒地的树木，清除林地中的庞然大物，解决掉硕大的树干——那些器宇不凡的树干耸立和繁茂了千年，终于寿终正寝。这些巨大的木头并不会在下方的泥土上停留太久：白蚁会攻击它，从地面进入其内部，短短几周内，便可将其掏空，只留下一具欺骗性的外壳，当你踏上脚，用史密斯曼的比喻来说，“你可能会踩在一朵云上”。

通过下面这幅巴西的场景，我们或许能对这种昆虫有多一点的了解——虽然这里的旅行家仅仅称之为“蚂蚁”：

“一批高大的树木卧倒在地，各式各样的蚂蚁在上面忙碌地爬来爬去。走进原始森林的深处，随处可见这些微小生物毁坏大树的证据，那些巨树承受了一切的风吹雨打，却逃不过白蚁的攻击。创世主竟然会利用如此微小的动物制造最严重的后果，这一点实在让人惊讶；还有什么比蚂蚁和森林中的这些庞然大物更不成比例的呢？当一棵树被它们盯上后，过不了多久，它的命数就到头了。它再大再强都无以抵抗，这些小昆虫经常会把树干吃空，徒留树皮，所有木质纤维都变成了齑粉，最终，大树会在轰鸣中倒塌，成为千百万只不屈不挠的蚂蚁的囊中物。这些昆虫除了展现出如此惊人的破坏力量外，也在埃斯特拉达的森林里展现了构建金字塔式蚁冢的技能，类似于我们在里约热内卢的海岸看到的那些。我们也在巨大的树干上看到了一些刺穿的深洞，仿佛巨幅的银丝花纹。这些恐怕也是此类破坏者的杰作。”①

在非洲，有一些双翅目昆虫成了广大地区的真正领主，它们拥有无上权力，而俯首称臣的不只是人类和家畜，甚至包括大部分的巨型动物，比如大象和犀牛。阿比西尼亚有一种大毒蝇，只要听到它们可怕的嗡嗡声，畜群就会离开草场，四散奔逃，直到筋疲力尽、饥饿难当，才会停下脚步。面对它们的来袭，田野中的居民只能撤退，和畜群一起逃往最近的沙地，只有这样的地方才能保命。而即便如此，他们仍会忧心

① 艾伯特（Adalbert），《旅程》（*Travels*），第二卷，第237页。

忡忡，因为他们知道，那群无耻的强盗正在伺机埋伏他们。这就是毒蝇带来的恐惧[①]。

在同一片大陆的南部，也有一种同样令人生畏的昆虫，即可怕的舌蝇，它与大毒蝇相似，但属于另一个虻科物种。这种昆虫的大小和普通的苍蝇差不多，它们统领着某些地区，会袭击家养的动物。被它们咬到后，牛、马和狗都必死无疑；但奇怪的是，它们不会对人的身体带来太严重的不便，对于野生动物也无甚危害，比如水牛、长颈鹿、羚羊和斑马等——同一片平原上栖息着千百万的此类动物。

被咬以后，畜类不会马上死亡，而舌蝇也不像大毒蝇一样，仅凭嗡嗡声就能制造恐慌。它的毒性几天后才会生效：此时，动物会不停地流眼泪和鼻涕，接着会身体肿胀，日渐憔悴，随后是剧烈的腹泻，命终之时，全身的血液和肉体都会变得很异常[②]。

欧洲也没有完全幸免于此类灾祸。塞尔维亚和巴纳特有一种很小的双翅目昆虫，它们对家畜的攻击令当地的居民们损失惨重。一位曾抵达多瑙河畔的哥鲁拜克的旅行者如此说道：

“在此地附近，我们发现了一批以产出毒蝇闻名的洞穴，这种毒蝇在塞尔维亚和匈牙利也被称为哥鲁拜克蝇。这种奇异而有毒的昆虫长得有点像蚊子，通常在夏季的第一阵热浪中出现，而且数量庞大，看上去仿佛大片的烟雾。它们总是直接针对每一种四足动物，而且毒性如此之强，连公牛也无法安然身退，两小时内必死无疑。这样的结果并不完全归因于其毒性的强大，主要是因为这些昆虫会无孔不入，霸占身体中所有脆弱的部分；而不幸被叮咬的动物会因痛苦而发狂，

---

① 布雷斯（Bruce），《行记》（*Travels*），第二卷，第 315 页。
② 利文斯顿（Livingstone），《旅程》（*Travels*），第 80 页起。

冲进田野，直到死亡为这一折磨画下句点，它们也可能一头扎进河流，提前结束自己的性命。”①

不过，蚊子的危害可能比所有这些昆虫更严重；不是因为蚊子的毒性或致命性能与舌蝇或大毒蝇相提并论，而是因为它们几乎无处不在。那些昆虫虽然很可怕，但都局限在特定地区，但蚊子不分地域，不论在哪，它们都是一种害虫和一种痛苦之源。一个人只要在一群蚊子中间度过一晚，就能体会双翅目昆虫的真正厉害了。成百上千位旅行家都提到过蚊子的问题，而我之所以引用下面这份证词，不是因为在我心中它是最有力的，而是因为它是最近期的一份，因此较少为人所知：

阿特金森先生是旅行家中的旅行家，他为我们展现了地球上的许多最壮丽最难以目睹的景观，然而，让他却步的既不是最令人生畏的峡谷和悬崖，也不是浪花四溅的激流和迅猛的河流，亦不是地震或凶猛的风暴，也不是终年的凝霜和积雪，也不是酷热干旱的大草原，也不是强盗，也不是野兽，而是——蚊子，他毫无隐瞒地说出了自己对蚊子的臣服。在所有生物之中，只有这种叮人的小虫子能激起他的恐惧，让他鼓不起直面的勇气。他一次次地告诉我们，在翻山越岭时，他总是遇到“成百上千万的”蚊子，由于“他将马匹送往了它们无法触及的地方，它们向他展开了最凶猛的报复”，它们“吞噬”着他，他“既不敢睡觉，也不敢睁眼”“千百万只蚊子的嗡嗡声令人胆寒”；他发现自己置身于“苦难的大本营”“完全无力承受”“可怜的马匹站着，把头送进烟雾，以免受那种害虫的攻击”“留下会让它们承受一种人类和野兽都无

---

① 斯彭斯（Spence），《切尔卡斯亚行记》（*Travels in Circassia*），第一卷，第 59 页。

法承受的痛苦，因此，它们不得不逃离。”“我希望我可以说，”他动情地补充道，“我们离开了拥有那片领地的敌人。但并没有——它们带着嗜血的顽固，紧随我们而来，一直跟到一片开阔的草地，此时，它们被一阵微风吹回了它们的沼泽地带，”——“我希望回去以后，它们可以自相残杀。”[①]

① 阿特金森（Atkinson），《西伯利亚》（*Siberia*），第 75 页。

第五章

庞然大物

虽然大和小一定永远是被拿来做对比的项目，但人类的大脑往往会为各种实体类型确立出一些大小的标准，进而会因为某物超出或达不到这些标准，而产生惊讶或钦佩的情感。就活的生物而言，人类的身体大概是一个心照不宣的参照物；因为我们会称马或水牛为大型动物，称猫或鼬鼠为小型动物；而不论在哪个方向上超越了这些限制，我们就会感到，它们的大小会成为增加我们兴趣的一个关键因素。初次看见大象的人，可能会感叹“这么大！”同样，初次看见蜂鸟的人的最初印象，恐怕一般也不会是“多漂亮啊！”或“多秀丽啊！”而应该是“这么小！”

清楚记得当我第一次乘船跨越大西洋时，看到一头鲸鱼油光锃亮的庞大脊背突然跃出海面，那一瞬间，我是多么兴致盎然，同时近乎敬畏。它几乎就在船边上，像一道巨大的光滑堤岸从水中浮现出来，接着，翻滚了一圈，随即又消失不见。那场面转瞬即逝，我很难估量它的大小，而且它并未露出全身，但它看上去似乎和我乘坐的轮船一样大。它无疑是一种体型巨大的鳁鲸，因为须鲸据说从不会冒险离开北冰洋。这是我们所知的地球上最庞大的动物，其长度可达 100 英尺，甚至更长。1827 年，有一头此类鲸鱼在奥斯坦德附近搁浅，其骨架后来曾在巴黎和伦敦展出，长度为 95 英尺。另外有两个标本的长度为 105 英尺，阿瑟·德卡佩尔·布鲁克（Arthur de Capel Brooke）爵士则表示偶尔能见到长 120 英尺的庞大鳁鲸①。

露脊鲸或曰须鲸是极地海洋上的商业捕鲸对象，体型只有上文那种鲸鱼的一半多一点。虽然早期的作者曾提到偶尔能见到 80 或 100 英尺的须鲸，这些说法可能有夸大之嫌，或者是他们没看出鳁鲸与须鲸的区别。阿尔弗雷德国王（King Alfred）时期存在一种传统：一个名叫奥士德（Ochter）的挪威人“曾和其他 5 人一起，在两天内杀死了 60 头鲸鱼，其中有一些长 48 码，甚至 50 码。”这里的尺码似乎得自于实际测量，但未必很准确。今天捉到的须鲸已经没有这么大的了。已故的斯科斯比博士曾参与捕捉过 322 头鲸鱼，从没发现过一头超过 60 英尺长的须鲸。但有必要说明一点，即此类动物天生长寿，它们可能会在一生中慢慢生长，因此也有可能，在过去很长的一段时期，由于北冰洋的鲸鱼遭到了不断的迫害，很难生长到完整的尺寸。不管怎样，一头 60 英尺长的鲸鱼，据估算，还是有 70 吨重，比 300 头肥壮的公牛加起来还要重。

---

① 栖居在印度洋里的庞大鲸鱼可能就属于这一类。其中一头在 1842 年搁浅在了吉大港，长 90 英尺，直径 42 英尺；另一头于 1851 年搁浅在若开海岸，长 84 英尺。[见 1859 年 12 月的《动物学家》(*Zoologist*)，第 6778 页。]

抹香鲸的家园是广阔的太平洋，从北到南，从东到西，在须鲸和鰛鲸之间掌握着一个不断膨胀的地盘。贝亚勒（Beale）先生是鲸鱼领域的权威人士，他给出最大的抹香鲸的尺寸是长 84 英尺，直径 12～14 英尺。其头部约占全身的三分之一，比身体稍薄；虽然几乎全身的厚度都差不多，但头部有一段急剧收缩，仿佛有一块巨大的骨头被锯了下来，这部分的形状很像一只硕大的盒子。当此类鲸鱼受到打扰时，会呈现出一种被海员们称为“头出”（head-out）的现象，即其巨大的头颅会每隔几秒出水一次，以示威吓，那场面相当壮观。

毫无疑问，大象是陆地上最庞大的动物，

摇撼大地的巨兽
四足挺立，如四个卫兵
守护着一座城堡
两眼之间伸出一只
蛇形的手臂

但我们在动物园里常见的大象并不足以代表这个物种本身。当然还是要到它们的原产地，才能见到最庞大的样本。不过，市面上流传着一些关于大象尺寸的迷思。在马德拉斯地区，有人说偶尔能见到高“17～20 英尺”高的大象。巴布尔（Baber）皇帝在其回忆录中提到，这些岛屿上的大象可达到高约 20 英尺。但他也补充道，“我从没亲眼见过一头高于 8～10 英尺”，东印度公司的标准是从肩部到脚底测量可达 7 英尺以上。科斯（Corse）先生表示，他测量过的最高的大象为 10 英尺 6 英寸。他曾举过一个例子，说明推测是不可信的，哪怕是经验丰富的人的推测，他提到了一头属于德卡的地方长官（Nabob of Decca）的大象，据称高14英尺。科斯先生希望可以亲自测量，因为据他判断，那头大象不会超过12英尺。但司机向他保证有15～18英尺；而经过认真测量后，他发现它的实际高度还不足10英尺。锡兰的大象很少有超过9英尺的；但沃尔夫表示，他见过一头在贾夫纳捉到的大象，高12英尺1英寸，当然是以背部的拱起为测量基准。

更远的半岛地区的大象的身材远超印度和锡兰，或许是因为它们比较不受打扰。圣彼得堡的博物馆里有一具骨架，是波斯国王送给彼得大帝的，高度为16.5英尺；这大概是真实记录的例子里最高的一头大象了。

非洲大象或许不输于勃固大象。普林格尔先生曾经生动地描述过在非洲山谷中与一头庞大的大象的遭遇。“我们停下脚步，研究了它几分钟，胸中涌现默默的钦佩与诧异。它是一头名副其实的庞然大物。两位与我同行的工程师官员经常在这座荒野国度见到大象，他们也同意眼前的这头巨兽至少高14英尺。”德纳姆（Denham）市长在前往中非的远征中遇到了一些他判断有16英尺高的大象；但有一头他见证的被杀死的大象，他称之为“庞大的家伙”，以背部测量的结果是12英尺6英寸。贾巴尔普尔出土过一具大象化石，以肩部测量的高度为15英尺。

此外，还有一些其他巨型动物：六七种犀牛、河马、长颈鹿、骆驼、野牛、gayall，以及另一些体型庞大的印度野牛；原牛、野牛、水牛、大羚羊。它们大多栖居在南非穷困而贫瘠的地区；那个国家的荒凉让人们能一览无余地看到这些动物。有一天，安德鲁·史密斯（Andrew Smith）博士驾着牛车出行，仅在视野近处就看见了100～150头犀牛，分属于三个品种；同一天，他还看到了几群长颈鹿，加起来约有100头。虽然没看到大象，但也有人在该地区发现过大象。另外，在距离他们前一晚扎营的地方约一个多小时行程的地方，他的团队杀死了 8 头河马，看到的则远多于此，并且同一条河里还发现了鳄鱼。

在鸟类中，安第斯山脉的神鹰的尺寸一直受到夸大。最早被西班牙的美洲殖民者发现时，它曾被拿来与阿拉伯寓言中的象鸟相提并论，甚至有些人将其视为了同一种鸟，“能拖起一头大象”。加西拉索（Garcilasso）表示，西班牙人杀掉的一些神鹰，经实际测量后，翅膀展开的宽度达到了 15 或 16 英尺（这个“或”字，让所谓的实际测量显得很可疑）。他还表示，两只神鹰能攻击和吃掉一头公牛，一只神鹰就能杀死一个 12 岁的少年。

德斯马柴斯（Desmarchais）又更近了一步。他将神鹰的翅膀宽度延伸到了 18 英尺。据他说，翅展如此之宽，以至于这些鸟完全无法进入森林。他还宣称，一只神鹰就能攻击一名成年男性，并能拖走一只雄鹿。

一位现代旅行家的天马行空更是远远超出了以上的程度，他一本正经地将测量数字提升到了 40 英尺，并小心地指出，这出自他对真实样本的“亲手测量”。唯一厚道的推测就是，他测量出的数据其实是十六英尺，之后，他可能误写了“空格”（spaces），或者更有可能的是，他写下的是简单的数字“16”，然后在与前人的数据进行比对后，更改了这一数字。下面是实际描述，读者可以看出，他的修辞中并不缺少浪漫的成分。

“当时，它正心满意足地埋头于一匹马的尸体，因此我才能在它庞大的翅膀展开以前靠近它，走到手枪的射程以内，对我而言，这就是开枪的信号了。我已经上足了弹药，我的瞄准也准确而致命。我看着这只强壮的野兽呼叫着，拍打着翅膀，垂死挣扎！或许很难相信，这空中的王者竟能在尺寸上媲美陆地或海洋里最庞大的动物。从未见过比我们的山鹰更大的鸟类的人，在读到对这同一类鸟的介绍时，可能会大吃一惊，在南半球，它们如此硕大而强壮，以至于能用鹰爪抓起一头公牛，将其拖至空中，再将其摔死，然后大快朵颐。不过，只要了解到这种鸟的尺寸，这种惊奇感就会大大减弱了，虽然可能会显得不可思议，但我还是要给出我亲手获得的数据。当这些翅膀伸展开来，两个端点相聚16空格，40英尺。羽毛长8空格，20英尺，翎羽部分，两个手掌宽，身围8英尺。据说它能拖走一头活的犀牛。"[1]

亨博尔特驱散了这些夸张的说法；虽然他承认在他眼中，它们也显得巨大无比，但只有真正测量一只死去的神鹰，才能纠正眼睛的错觉。他遇到的没有超过9英尺的，而本地的基多人告诉他，他们从没打下过超过11英尺的。但这些估量的可信性不高；楚迪（Tschudi）是最谨慎和可靠的权威人士，也是颇有成就的动物学家，他曾写过有一只神鹰的翅展在"12～13英尺之间"，他也在另一个地方写道："我测量了一只非常大的雄性神鹰，从翅膀一端到另一端的距离是14英尺2英寸，这种尺寸没有任何其他鸟类可以媲美，除了信天翁。"[2] 至于它能否"抓起一头犀牛"，甚至公牛，据楚迪的说法，它甚至无法将一头羊拖离地面。"飞翔时，他无法拖起超过8～10磅的重物。"这种恶鸟的食量惊人。一位饲养神鹰的主人告诉这位博物学家，他曾出于试验的目的，一天给一只神鹰喂了18磅的肉，包括公牛的内脏；那只神鹰将这些肉一扫而光，次日的胃口依然不减。

---

① 坦普尔（Temple），《秘鲁之旅》（*Travels in Peru*）。
② 坦普尔（Temple），《秘鲁之旅》（*Travels in Peru*）。

从少年时起，我们已经习惯了对炎热潮湿的热带森林里的巨蟒怀有一种畏惧之情；但旅行动物园里的蟒蛇对这种情感的贡献并不多。几圈斑驳的马赛克形状，看上去仿佛棋盘式的人行道与小牛一般粗，蜷缩在一个盒子底部的几重毯子里，我们很难将眼前的动物与那些挂在印度枝头的魔鬼联系起来，后者会用身子将水牛缠住，折断它的骨头，然后将除牛角以外的部分生吞下去。在这个领域，我们仍会生出一种怀疑和失望之情。那种巨龙，隔着遥远的时间和空间显得如此恐怖，但进入我们自身的时代和我们自己的眼中后，却变"小了，而且不那么漂亮了"。尽管如此，它们今天的状况依然足够庞大和强大，哪怕做了所有合理的减法后，仍足以让我们为巨蟒投入罗曼蒂克的热情，去一探它的真实尺寸。

需要指出的是，有好几种巨蟒分别栖息在美洲、非洲和亚洲的热带地区；虽然动物学家们将它们归为了不同的类属（美洲的属于蟒蛇属，非洲和亚洲的属于蚺蛇属），但它们不论习性、结构还是尺寸，都有很多共性，因此下文中就不区分特定物种了。

古罗马的历史学家记载道，阿蒂利乌斯·雷古鲁斯（Attilius Regulus）的军队攻打迦太基时，曾被一条巨蟒攻击，最后，军队使用投掷巨石的军事引擎才杀死了它。其蛇皮长 120 英尺，事后被送往罗马，作为战利品存放在一座庙宇内，一直到努曼提亚战争爆发。好几位作者都提到了这件事，普林尼（Pliny）说它的存在是广为人知的。

西西里的狄奥多罗斯（Diodorus Siculus）提到，在埃及，有人捉到了一条蛇，而且捕捉过程中有人丧命，后来，这条蛇被送往了亚历山大港；蛇身长 30 腕尺，约合 45 英尺。

苏埃托尼乌斯（Suetonius）记录上有一条蛇展出在罗马的议事堂

前，蛇身长 50 腕尺，约合 75 英尺。

以上可能都是基于脱掉的蛇皮做的测量。我自己有一些剥蛇皮的经验，我知道在强力蜕皮时，蛇皮可以被拉伸很多：如此测出的结果扣除四分之一的长度并不过分。但即便减去这段长度，我们也必须承认（除非否认那些头脑清晰的历史学家的证词，他们不太可能犯下如此离谱的错误），古时候确实存在比当代博物学家见到的长得多的蛇。

丹尼尔（Daniell）留下了一幅广为人知的画，描绘了一条巨蛇在恒河的支流中攻击船员的故事。这是一幅写实的图像，据称是对一件真事的记录。当时，船员们将船停泊在丛林边上，留下一位船员看守，其余人进入了森林。那位留守的船员在坐板下躺下，很快就进入了梦乡。而在他迷迷糊糊之际，一条巨蟒从林中爬出，缠绕在了他的身上，准备将他挤死，此时，他的同事们返回了船上。他们成功地干掉了那条巨兽。“根据测量，其身长 62 英尺有余。”这个数字似乎非常精确；但我们还是想知道，这一测量是出自那些印度水手本人，还是某位可靠的欧洲人士。

《爱丁堡人文学报》（*Edinburgh Literary Gazette*）的一位通讯员讲述过一次非常惊悚的遭遇，且充满真实细节：关于他在圭亚那的河岸上遇到的一条巨蟒。当时，他躺在船上休息，睡梦中感到有冰凉的东西触碰他的脚，惊醒后，他发现一条蟒蛇的嘴正在接触他的脚，他想它一定是打算先从那里下口。他腾地一下站起来，抓起枪，冲那条爬行动物的头部拼命射击，蛇头随即蹿至空中，发出了恐怖的嘶鸣，并伴随着可怕的扭动，他立刻挥起桨，划离了岸边，将蟒蛇留在了身后。抵达朋友家后，他们决定去寻找那条受伤的蟒蛇，几位黑人也全副武装加入了进来。

他们很快就来到了事发地，一些被压倒的血淋淋的芦苇揭示了先前的冒险，他们开始小心翼翼地追踪敌人。行进了约 30 码后，有人示警，表示看到了那头怪兽。“我们透过芦苇丛，看到它的一部分身体蜷缩了起来，一部分伸展在外；但是它盘了一圈又一圈，看不到蛇头。很快，我们的到来惊扰了它，它似乎被激怒，准备攻击我们。而就在它露出蛇头的一瞬间，我和我的朋友几乎同时开了火。它应声倒地，在地上翻滚、扭动。此时，其中一个黑人绕到它的身后，用棍棒给了这个生灵一记重击，它随即被打蒙了，接着更多的猛击劈头盖脸而下，宣告了最终的胜利。经过测量后，我们发现它的身长近 40 英尺，并且相当粗大。”

我不知道这个故事的可信度有几分，但如果真实确凿，这条蛇就是我所知的可靠消息中，现代社会发现的最长的一条蛇。只是这里的“近 40 英尺”还是有些含糊。

埃利斯先生在对其马尼拉之行的精彩叙述中，提到了一些非常庞大的蟒蛇，但他似乎未进行任何实际测量。

“有一次，”他说，“一位印度人（我访问的那位绅士的马车夫）驾车带着我和一位朋友前往了一位牧师的家，后者有一些非常庞大的巨蟒。两条被关在一个木栏里，其中之一的身长不会少于 50 英尺，最粗的部分几乎能媲美一个很胖的人。”

邦提乌斯（Bontius）提到过一些逾 36 英尺长的蟒蛇；无疑是东方巨蟒。宾利（Bingley）也提到过一条长度相当的美洲蟒蛇，蛇皮存放于奥兰治亲王的柜子里；肖（Shaw）提到在大英博物馆里有一具 35 英尺长的蛇皮。后面这两个例子可能都得减去一些拉伸的空间。

1799 年 8 月 31 日的《孟买信使》（*Bombay Courier*）中讲述了一个

可怕的故事，说有一位马来水手在西里伯岛的海岸上被一头巨蟒缠死。他的同事听到他的尖叫声后，立刻前往营救，但只来得及从那具活的灵柩中抢下他的尸体。他们最终杀死了那条蛇，当时，它已经咬住了这个可怜人的腰部，齿痕清晰可见，他的身上还留下了清晰的缠绕痕迹，包括在头上、脖子上、胸前以及大腿上。这头巨兽的长度“约 30 英尺，粗细与中等身材的人相当。”①

M·莱奥德（M’Leod）先生在皇家舰队奥尔斯特号（H. M. S. Alceste）的航行中详细描述过饲养一条来自婆罗洲的 16 英尺长的蟒蛇的过程，他还记录到，在非洲的维达，他看到过比这个“长一倍以上”的蛇，但似乎未经过实际测量。

后期，一份《槟榔屿学报》（*Penang Gazette*）上写道：“本周的一个早晨，在巴六拜，通往直落公巴的路上，一条巨蟒被一名狱警杀死。当时，他听到一头猪的啸叫，寻声前往后，发现它被一条蛇缠着。这位狱警朝蟒蛇挥棒数次后，它松懈了下来，而经过测量，这条蛇长 28 英尺，身围 32 英寸。这是我们迄今所知的槟榔屿出现过的最大的蟒蛇。”②

安德鲁·史密斯博士在其《南非动物学》（*Zoology of South Africa*）中记录的，他曾见过一条长 25 英尺的岩蟒，尾巴还缺了一部分。这是我听说过的由一位可靠的权威人士直接基于蛇身测量的最长的蟒蛇。但即便如此，这个数字中到底有多少水分也只能任凭想象了。

将所有这些发现列成一个表格应该会很有趣，下表列出了用来分辨每个例子的名字，以及相应的可信度。

---

① 埃利斯（Ellis），《马尼拉》（*Manilla*），第 237 页。
② 引自《泰晤士报》（*The Times*），1859 年 11 月 1 日。

名　称	英　尺	结　果
雷古鲁斯	120	可能有拉伸
苏埃托尼乌斯	75	同上
狄奥多罗斯	45	同上
丹尼尔	62	不可信
埃利斯	50	猜测
圭亚那	40	匿名
邦提乌斯	36	可信
宾利	36	可能有拉伸
肖	35	同上
M·莱奥德	32	猜测
塞利比斯	30	含糊
槟榔屿	28	或许可信
史密斯	25	确凿

把目光从动物世界转向植物世界，同样有很多让我们惊奇不已的硕大物种。有一种海藻名叫海囊藻，生长于美洲的西北海岸，其根茎不过鞭绳那么粗，长度却能超过 300 英尺，其自由伸展的末端上生长着一只巨大的、中空的囊泡，状似圆筒，长六七英尺，囊泡的顶部生长着一簇分叉的叶子，不下 50 片，每一片叶子长 30～40 英尺。囊泡里充满空气，让这个巨大的藻体漂浮着，在海面上蔓延：海獭会在其最爱的囊泡巢穴上安逸地休憩，或躲藏在叶片间，猎捕鱼虾。将这棵漂浮的树固定在海底的线圈式根茎一定相当有韧性，我们也发现海岸的原住民们会将这些根茎当作鱼线使用。不过，虽然此类海藻很长，但跟巨藻比起来就相形见绌了，虽然后者的叶片和气囊较小。海囊藻的根茎是不分枝杈的；巨藻的根茎在靠近海面后会分出枝杈，并不断细分，每根枝杈上有一片叶子，最终呈现为一大片浮在水上的茂密枝叶，它能一直绵延数百

平方码的范围。据称，此类植物茎干的长度有时能达到 1 500 英尺[①] 。

达尔文先生曾谈到美洲最南端的此类巨型海藻会从 45 英寻深的海底生长到海面上，呈现一种倾斜的角度，其根茎部位尽管不太宽，却能很好地发挥天然漂浮防波堤的作用。从海面上打来的巨浪会经过这些散落的根茎，再进入到开阔的港口，你会看到，海浪的高度逐渐降低，最后变得很平稳，那画面非常有趣。

陆地植物在长度方面也不遑多让。大家都见过普通的藤杖——从学生时期就恐怖的悬在头上——很细，很有弹性，表面光滑坚硬——但很少有人知道，这些手杖只是棕榈树的茎干的一小部分，而这些茎干的长度在其原产地的森林中能达到 500 英尺！此类植物生长在印度大陆和半岛上的密林里，虽然外观类似于杂草或芦苇，实际却是真正的棕榈树。它们很细，从来不会变粗，但长度惊人；它们会在森林的地面上蔓生，间或长出一些叶片，而在其叶片覆盖的底座上，我们很容易辨别出我们所称的节，它会爬上树冠，爬下地面，再爬上再爬下，有的长度甚至会达到惊人的 1 200 英尺[②] 。

我们已经习惯了在暖房架和木屋的窗户边上种上各种好看的仙人掌；但在我们的大型温室中，有一些仙人掌的尺寸也相当惊人。几年前，在基尤皇家植物园里，有两株金琥，长得就像巨大的雨水收集桶，其中一株重达 700 磅以上，另一株重约 2 000 磅。

在我们看来，仙影拳是绿意盎然的，多肉的，有各种角度的茎干，并会长出优美的、鲜红色的花朵，点缀着白色的花蕊，但它们在南美贫瘠的高地上能长成粗壮的支柱，或庞大多叉的烛台形状。库马纳的旅行

---

① 哈维（Harvey），《海藻》（*Marine Algce*），第 28 页。
② *Rumph.*，第五卷，第 100 页。

家们曾兴致勃勃地讲述这些成排成列的柱子，当红彤彤的夕阳照在它们身上时，会在平原上留下长长的影子。

近期有一位旅行家描述了北美落基山脉上的类似物种：

“这一天，我们第一次见到了巨大的仙人掌（巨山影掌）；一开始，这些仙人掌分布得比较开，像一根根的支柱，耸立在山谷中，后来，它们变得越来越密，并呈现出不同的造型，像巨大的烛台，高 36 英尺，扎根在碎石和岩隙中，遗世独立。”

“巨山影掌是仙人掌部落中的皇后，在加州和新墨西哥被称为 Petahaya。一百多年前，到访科罗拉多和希拉之间的乡村地区的传教士们曾谈到巨山影掌的果实，当地的原住民以之为食物。他们还提到一种高大的树木，没有枝杈，没有叶子，高度能达到 60 英尺，且相当粗壮。气候最恶劣的荒野似乎是此类植物的理想家园，其嫩枝可以生根发芽，长成惊人的尺寸，它能扎根在裂口中，在石头堆中，在那些很难找出一点可供植物生长的土壤的地方”。其造型各不相同，大体依照树龄而定。最初，它会长成一根耸立在地面上的大棒，顶部的粗细是底部的两倍。这种造型非常醒目，但高度只会在 2～6 英尺之间，随着它越长越高，上下变得越来越均匀，等长到 25 英尺时，看上去就像一根普通的柱子。随后，它会开始伸出枝杈。新的枝杈首先会呈球状，接着会向上伸展，进而长到与枝干平行的状态，并相隔一定的距离，如此，多叉的仙影拳看上去完全就像一盏巨大的烛台，尤其是枝杈基本都在树干两边对称排列时，通常，其直径不会超过一英尺半，在很罕见的情况下，能达到两英尺半。高度千差万别，我们见到的最高的位于威廉姆斯福克，高 36～40 英尺，但在希拉南边，据称有一些高达 60 英尺，当你看到它们从一座岩石的最高点生长出来，立基其上的表面只有几平方英寸那么大，你不禁会疑惑，第一场暴风怎么会没将它们从这缥缈的平台上连根拔起呢？

“我们早晨看到的那些较小的巨山影掌已经让我们惊奇不已，而当我们继续前行，看到了最庞大的此类物种时，我们的惊讶又大大增强了。由于荒原上没有任何其他植物，我们能在很远的地方看到这些巨大的仙人掌柱，它们对称分布在高处的山坡上，并为这些山坡带来了最独特的效果，虽然绝对称不上美丽。每一株都令人惊叹，而整体看上去，它们那些雄伟、沉默的样貌，即便在风暴中也岿然不动的姿态，让整片天地显得有些荒凉。有些像石化的巨人，因难以言喻的痛苦而伸出了手臂，另一些耸立如孤单的哨兵，在悬崖边静静守望，或盯视深渊，或俯瞰威廉姆斯福克怡人的山谷，或望着那些不敢停在巨山影掌长满刺的手臂上的鸟群。但还是能看到一些胡峰，以及欢快的斑驳的啄木鸟，在这些奇异植物的老旧伤疤或生病受损的身体上安营扎寨。”①

特尼里弗岛上留存着一棵令所有访客满怀科学兴趣的树，即欧若塔瓦的龙树。自这座岛屿被发现以来，它就成了被尊崇的对象，甚至自从远古时期，它就被关契斯人当作神树。这棵树高 70 英尺，更惊人的是它的树干。勒德吕（Le Dru）发现其树干的周长，在接近地面的地方达到了 79 英尺。亨博尔特曾在 1799 年爬上树冠，他在距地面几英尺的地方测量的树围为 48 英尺。G・斯汤顿（G. Staunton）测量的距地面 10 英尺高处的树围为 36 英尺。

菩提树，即印度神圣的无花果树，也能长到非常巨大的程度，这种巨大不是源于单一树干的增大，而是多个树干的增殖，一种很独特的生长方式。枝杈在水平方向上向四面八方伸展，然后垂至地面，扎根地

① 默尔海于森（Möllhausen），《太平洋之旅》（*Journey to the Pacific*），第二卷，第 218 页。

下，构成众多的次级茎干，随后，这些次级茎干又会伸展出自身的横向枝杈，而这些枝杈又会扎下新的根茎，如此便可无止无休地延伸出一片神奇的森林，完全由单一的有机生命体构成。弥尔顿将这种树视为了我们有罪的第一父母（即亚当、夏娃）的那棵“无花果树”——即在这种树前，他们希望用树叶遮挡住新意识到的裸露。

他这样提议之后
二人一起走向茂密的树林
他们在那儿选了无花果树
不以果实知名的树
但至今印度无人不知
盛产于玛拉巴、德康地区
树枝长且宽，弯曲的树枝扎根于地下
子树生长在母树的周围
圆柱高耸，树荫成穹
在其中步行便起回音
那儿常常有印度牧人在避暑乘凉
在最茂密的浓荫处砍出一个小窗
借以瞭望畜群。他们收集
像阿玛逊的盾牌那么大的树叶
用最高超的手艺缝合它们
缠在腰间[1]

---

① 《失乐园》(*Paradise Lost*)，第九卷。

有一些现存的菩提树的历史远比基督教时代久远。罗克斯堡（Roxburgh）博士提到过一些菩提树，它们领地的周长超过了 1 500 英尺，高 100 英尺，主树干距水平枝杈的距离为 20～30 英尺，直径 8～9 英尺。不过，最值得称颂的一棵生长在讷尔默达河岸边，覆盖了一片几乎不可思议的区域，现存树木的周长近 2 000 英尺，而相当一部分已经被洪水冲走了。尚未（或者说，作者下笔时尚未）扎根的枝杈则覆盖着一片远为广阔的区域。其中能数出 320 个主树干，较小的树干超过 3 000 个。所有这些树干都在不断伸展出枝杈，后者又不断形成新的树干，继续拓展这片广阔的殖民地。这株族长式的菩提树下经常会举办一些人数众多的集会，曾经有一次，其广阔的树荫共遮蔽了 7 000 人[①]。

猴面包树是热带非洲的一种树，现在也移植到了其他炎热国度，此类树木也能长得非常巨大。其生长主要体现在树干上面。很多情况下，一棵树围能达到 75～80 英尺的猴面包树，直到距地面 12～15 英尺时，才会开始伸出枝杈。而树高往往会比树围多一点。低处的枝杈能长得非常长，最终会垂至地面，完全将树干遮蔽起来，让整棵树看上去仿佛一座由树叶构成的山丘。

关于这种体型庞大、却木质柔软、如同海绵的树，我们可以举几个例子。阿当松（Adanson）曾在 1748 年，在塞内加尔河的河口，看见过一些猴面包树，直径在 26～29 英尺之间，高 70 英尺出头，树冠的直径可达 180 英尺阔。他也表示，其他旅行者还发现了一些大得多的此类树木。彼得斯（Peters）测量了一些树干，厚 20～25 英尺，他

① 福布斯（Fcrbes），《东方回忆录》（*Oriental Memoirs*）。

说那是他见过的最大的。佩罗泰特（Perrottet）在其《塞内冈比亚植物志》（*Flora of Senegambia*）中称他见到了一些直径达 33 英尺的猴面包树，高度达 70～80 英尺。格尔百利（Golberry）找到了一些直径达到 36 英尺的猴面包树，但高度只有 64 英尺。阿洛伊修斯·卡达莫斯托（Aloysius Cadamosto）是第一位记录此类树木的人，它发现的一些树，据他估计，树围有 17 英寻，算下来，直径约 34 英尺①。

一种生长在墨西哥瓦哈卡州的柏树也获得了植物学家的颂扬，德康多勒（De Candolle）曾提到其直径可达 60 英尺。亨博尔特基于亲身探查（上面那位伟大的植物学家所不具备的优势），将这一数字缩减到了 40 英尺 6 英寸——依然是庞然大物。

近期，一位前往委内瑞拉的旅行者描述了一棵巨树：

离开图尔梅罗后不久，我们看到了远近闻名的瓜伊雷雨树（Zamang del Guayre），大约一小时后，我们来到了那座因此得名的小村庄瓜伊雷村。它似乎是全球最古老的一棵树，在西班牙占领时期，印第安人因其古老的历史，对它崇敬有加，政府还专门颁布了一项法令，保护它不受任何伤害，此后，它就成了一项公共财产。如今，它完全没有衰败的迹象，依旧绿意盎然，大概和 1 000 年前没什么两样。这株巨树的树干高度只有 60 英尺，树围 30 英尺，因此，它算不上多么巨大。瓜伊雷雨树真正吸引人的是其美妙无比的庞大树冠，后者构成了完美的穹顶，如此精确，如此规律，我们几乎要怀疑是否存在某种已灭绝的巨人，曾在此练习园丁的技艺。这座穹顶的周长据称近 600 英尺，其拱形的高度也是一个庞大的数字。它属于含羞草家

---

① 亨博尔特（Humboldt），《自然面貌》（*Aspects of Nature*）。

族，因此虽然体型庞大，但它长出的叶片却和银柳一样微小精致，任何一缕微风都会让它摇曳不止，这一点非常有趣，也为它的美丽与温柔增色不少[①]。

即便在温带地区，在我们熟悉的树木种类里，也有一些不为人知的庞然大物。北威尔士格拉斯福德的教堂庭园里有一株紫杉，枝杈下方的树围为 50 英尺。立陶宛有一些柠檬树的树围可达 87 英尺[②]。法国桑蒂斯的附近有一棵橡木高 64 英尺，接近地面的位置，直径近 30 英尺，5 英尺高的位置，直径有 23 英尺。有一间宽 12 英尺 9 英寸的小屋由这棵树的树干挖空而成，里面的一条半圆形的长椅也是直接雕刻出来的。一扇窗将光引入室内，一扇门将屋子隔绝起来，优雅的羊齿植物和地衣构成了墙上的挂画[③]。

下面，我们来看一些将高大和粗壮结合起来的例子。巨藻和藤蔓很长，但都很细；猴面包树和柏树很粗，但都不高。美洲赤道地区高大的槐树则能在这两方面并驾齐驱。冯·马蒂乌斯（Von Martius）曾描述过一幅巴西森林里的景观[④]，那里有一些非常庞大的此类树木，以至于 15 个手长脚长的印第安人只能环抱其中一棵。在树干底部，周长能达到 84 英尺，在树干变成圆柱体的地方，周长有 60 英尺。“它们看上去更像活的岩石，而非树木；树干上光秃秃的什么也没有，一直到树干顶部，才开始出现树叶，而由于树冠过于高大，肉眼看不出叶子的形状。”

澳大利亚和塔斯马尼亚岛上的一些桉树是植物界的伟岸物种，有

---

① 沙利文（Sullivan），《美洲浪游记》（*Grundz der Bot.*），第 400 页。
② 恩德利歇尔（Endlicher），*Grundz. der Bot.*，第 399 页。
③ 罗谢尔（Rochelle），*Ann. Soc. Agr.*，1843 年。
④ 拷贝自林德利（Lindley）的《植物王国》（*Vegetable Kingdom*），第 551 页。

时能达到250英尺高，并搭配合乎比例的粗大树干。下面的描述将让读者对于塔斯马尼亚岛上的森林图景有一个生动印象。他是如此形容这些巨树：

“有些树的高度逾200英尺，几乎达到伦敦大火纪念碑的高度，才开始伸出枝杈。它们的树干，不论是粗大程度，还是笔直的样子，都能直接比拟那座宏伟的纪念碑。其中一棵在距地面5英尺的地方，树干的周长达到55.5英尺。高度据计算，达到了250英尺，底座的周长达70英尺！我的同伴们站在树干对面，对彼此说话，并呼唤我，那声音仿佛来自非常遥远的地方，让我以为他们已经在不经意间离开了我，去寻找另一些大树。我相应地做出回应，他们也说我的声音听上去很遥远，然后问我是不是在树的背后。据说，当年森林里修路时，曾经有一个人，只是要离开一伙同伴，前往200码以外，与另一伙同伴会合，结果却迷了路；他不停喊叫，也不停收到回应；但却在高大的树干间越走越远，最后，他的声音越来越小，以至于完全听不见了，他就这样死在了林中。一棵倒掉的此类树木，经过测量，长达230英尺。我们踏着它的巨大枝杈构成的斜坡登上树干，四个人能轻松并肩走在树干上。这棵树倒掉时，压倒了另一棵160英尺高的树，后者被连根拔起，形成了一道20英尺宽的根茎高墙！”

不过，贺巴特城的T·埃韦牧师（Rev. T. Ewing）记录过一些更庞大的树木。树种大概是一样的，只是被称作了另一个地方性的名字。

“上周，我去参观了地球上测量过的（或者其中）最高大的两棵树，它们都生长在西北湾河的一条支流上，惠灵顿山的后面，当地人称那里为加姆斯沼泽。其中一棵还在生长，另一棵已经倒掉。后者从底部开始测量，到第一根枝杈的位置有220英尺。而从这个位置再到已经破碎和腐败的树冠，还有 64 英尺，加起来是 284 英尺，如此看来，在其树冠完好如初的时候，高度一定超过 300 英尺。树干的底部直径为 30 英尺，在第一根枝杈的位置，直径为 12 英尺。据我们估算，从底部到第一根树杈的位置，树干的重量约为 440 吨！那棵还在生长的巨人依然生机勃勃，毫无衰败的迹象，在众多低矮的檫树之间，它就像一座高耸的教堂塔楼。在距地面 3 英尺的位置，其树干的周长为 102 英尺；在地面的位置，周长则高达 130 英尺！森林太茂密，我们没法测量它的高度（数字一定很庞大），我测量了另一棵距其 40 码远的树，在距地面 3 英尺的位置，周长为 60 英尺；在距地面 130 英尺的位置，即第一根枝杈所在的地方，我们判断的周长为 40 英尺。这确实是一根雄伟的柱子，且坚固无比。我确信，在方圆一英里的范围内，至少有 100 棵还活着的树的树围达到 40 英尺以上。"

不过，伦敦公开的"巨树"展览已经让我们深谙一个事实，即这个世界上存在尚不为人所知的更大的树。加利福尼亚地区是最巨大的植物的家园，相应的树种是两种柏树，称北美红杉和巨杉。后者则是最耀眼的明星。

"在距离索诺拉 30 英里的卡拉韦拉斯地区，有一条斯坦尼斯拉斯河；沿着它的一条支流溯源而上，有一片深不可测的森林河床，海拔 1 500 英尺，巨杉谷就在那里。走进这片山谷，你将置身于植物界的巨人之中；从远处遥望，看着高塔似的松树高高耸立在宏伟的松林之上，你会惊奇不已，而当你走进它们，真正意识到它们的雄伟程度，你的惊奇感只会不断增强。那里有一整个巨人家族，其中有 90 个成员，散布在一片约 40 公顷的土地上。其中最弱小的，直径也不亚于 15 英尺。当你抬头仰望它们的树冠，你几乎无法相信自己的眼睛，一些最雄伟最有生命力的树干，至少会到 150～200 英尺的高处才开始伸出枝杈。”[①]

这里的每一棵巨杉都有一个亲昵的名字，多数时候都透着一种与乡下人粗鲁心智的朴素关联。树群的旁边建起了一座旅馆，如今那里已经成了旅游景点，吸引着全国各地的游客。列举其中几株最醒目的巨杉，再加上相应的数据，能让我们对当地的画面有一个更好地把握，我们可以将伦敦大火纪念碑作为参照标准，这座高塔的总高度为 220 英尺，底座直径为 15 英尺。

离开旅馆，走向树林，游客首先见到的是“矿工小屋”，这棵树周长 80 英尺，高 300 英尺。它的“小屋”，即树干上被烧出的洞口，宽 17 英尺，向上延伸了 40 英尺。继续走下去，可欣赏到周遭繁盛的低矮林木，包括杉树、香柏树、四照花和榛树，接着我们就来到了“三美人”前面。这几棵秀丽的树似乎（可能的确）是从同一根茎上生长出来的，它们构成了整片森林最美的一组风景，它们肩并着肩，各自都高达 290 英尺，从树基处对称地向上攀升，呈倒锥形。三根树干合在一起，周长有 92 英尺。中间那棵伸出第一根枝杈的位置，高度在 200 英尺。接下来，旁边的“先驱者小屋”吸引了我们的注意力，它的高度为 150 英尺（树冠已经破损），直径 33 英尺。继续走下去，我们来到了一株看上去孤零零的巨杉前面，树皮有很多裂口，似乎是整片树林里最褴褛的一株。这是“老单身汉”，大约高 300 英尺，树围 60 英尺。下一株是“森林之母”，它的树皮曾在 1854 年被投机客扒掉。接着，我们来到了“家庭群组”中间，身旁是“森林之父”连根拔起的基座。整个场景美妙宏伟，无法用语言形容。这位尊贵的“父亲”早已低下头颅，倒进了

① 默尔海于森（Möllhausen），《太平洋之旅》（*Journey to the Pacific*），第二卷，第 363 页。

泥土中，但它的废墟依然令人惊叹！其底座处的周长达到了 120 英尺，高度可测量到 300 英尺，后面的部分，由于它倒在了另一棵树上，已经破裂。它有一间中空的内室，即烧出的洞穴，这洞穴沿着树干延伸了 200 英尺，十分宽敞，足以骑马穿过。其底座附近流淌着一条小溪。登上树干，从其连根拔起的基底看出去，你很难想象它当年的雄伟样貌，它的身躯两旁耸立着高大的儿女们。再往前走，我们会遇到“丈夫和妻子”，那两棵树亲昵地靠向彼此，周长都是 60 英尺，高都是 250 英尺。我们的前路上耸立着倾斜的“大力士”，它是整片林子中最庞大的树之一。和其他许多树一样，它的底部也经历了火烧，其高度为 325 英尺，树围 97 英尺。接下来是“隐士”，遗世独立地耸立着。树干挺拔，比例适宜，高 320 英尺，树围 60 英尺。接下来，我们要沿着低处的路径返回旅馆，一路上会经过“妈妈和儿子”，这两棵树加起来的周长为 93 英尺，“妈妈”高 320 英尺，年轻有为的“儿子”高 300 英尺。“暹罗双胞胎和它们的卫士”是下一组巨树：“双胞胎”共享着同一根底部树干，在 40 英尺高的地方分成两支，各高 300 英尺。“卫士”的周长为 80 英尺，高 325 英尺。再过去是“老姑娘”，微微弯着腰，显得孤苦无依，其周长为 60 英尺，高 260 英尺。接下来吸引我们注意的是两棵美丽的树“艾迪和玛丽”，每一棵的周长都为 65 英尺，高近 300 英尺。再前面是“马背上的赖德”，这是一株卧倒的老树，长 150 英尺，树干已被早年席卷森林的大火烧空。整个空洞，最狭窄的地方宽 12 英尺，长 75 英尺，足够让人骑马穿过。“汤姆叔叔的小屋”是下一棵接受我们敬仰的巨树，高 300 英尺，周长 75 英尺。它的“小屋”被烧出了一个直径 2.5 英尺的入口，整个洞穴能装下 15 个人。还有两棵树必须提一下：一棵叫“森林的骄傲”，树皮非常光滑，高 280 英尺，周长 60 英尺。“烧出的洞穴”同样引人注目，其根部位置的直径有40英尺9英寸，洞穴延伸了40英尺，人能骑马进入，再掉头折返。接着，我们来到了“森林美人”前面，这棵树的周长为65英尺，高整整300英尺，外观对称，装饰着绝美的树冠。回到路上，向房屋走去，我们将经过“两卫兵”，两棵树均高300英尺，周长分别为65和70英尺，构成了通往这片神奇森林的一道恰如其分的门户。

在这些树中，有两棵曾被用来在远离故土的地方满足公众的好奇心。其中最雄伟的一棵——名叫“大树”——被砍倒。砍伐的过程绝不轻松，其树干底部的周长达到了96英尺，从里到外，都坚固无比。当时，人们先用钻孔机打孔，然后用斧子把孔打通，耗费了25个人5天的时间。但即便做完了这些，由于这雄伟的支柱非常笔直，它仍屹立不倒，最终，人们只能利用锲子和强力杠杆，同时借助一股强风，才将其推倒。而它倒地时，大地仿佛经历了一场地震，巨大的重量使其深陷在柔软的处女地中，压出了一条深沟，石块和泥土在巨大的震动中四处翻飞，在周围的树上留下了痕迹，有些痕迹甚至留在了近100英尺的高处。树桩经过打磨处理，被用作了戏剧表演和舞会的舞台，足够23名舞者登台表演。一段树皮被剥下，然后以对称的样式，依照原初的样貌，重新架设了起来，构成了一个大房间，随后在中间铺上了地毯，摆放了一架钢琴及40个人的座椅，然后陆续在美国和欧洲的几个城市展出。

这项投资大获成功，于是，巴纳姆家族里的另一位英雄进而将“森林之母”的全部树皮都扒了下来，一直扒到160英尺的高度，他们将树皮一段段地剥离，经过认真标记、编码，以供未来的重建。正是这座纪念碑后来被送往了伦敦展出，起初在纽曼大街，随后搬至阿德莱德画廊。但这些建筑都无法容纳其完整的身量，于是在 1856 年，它被迁往了水晶宫，如今，正是在那里，它每天为成千上万双眼睛带去愉悦。

或许我们很难对这些残骸的转移表达什么遗憾，特别是据说那位“母亲”被扒去外衣后，并未受到明显的健康损害。尽管如此，可喜可贺的是，金钱上的贪婪将无法继续侵蚀这座宏伟的园林了，因为法律已禁止对此地更多树木的伤害，无论标榜为何种名义[①]。

所有这些都是全能上帝的宏伟成就，并非如某些人牵强认为的那样，是自生的，源于所谓永恒“律法”之手，相反，它们出自个人智慧（Personal Intelligence）的设计，出自一个活的天道（Living Word）的创造，由一位有力的强权（Active Power）亲眼见证。

“从地上赞美耶和华，大鱼和一切深洋：……大山和小山；结果的树木和一切香柏树；野兽和一切牲畜；昆虫和飞鸟！他的荣耀在天地之上。”（诗篇 148：7）

---

① 这部分内容主要浓缩自伯特霍尔德·泽曼（Berthold Seemann，林奈学会会员）的一份回忆录，见《博物学年鉴与杂志》（*Annals and Mag. of Nat. Hist*），1859 年 3 月号。

第六章

微小的

如果说庞然大物能激起我们的崇敬，渺小之物也有同样的效果。那位古人在一个坚果壳内写下《伊利亚德》之前，如果局限于寻常的尺寸，哪怕抄写一百遍，恐怕也无法激发出一口气，让它“飞进人们的嘴里”；我们会满怀兴趣看着用一个樱桃核雕刻出的十几只勺子，一个套着一个，但我们恐怕不会将同样的兴趣诉诸于那些搭配盘子的甜点勺。它们的极度微小是我们欣赏它们的原因，但不仅仅是因为小。有一些东西更小，我们却视而不见，比如灰尘的粒子。这里的微小一定要伴随着复杂（在我们寻常的思维习惯中，复杂往往与大得多的东西联系在一起）：比如说，构成一首诗的字母的数量、形式和排序；再比如说，玩具勺子的数量、形状和雕花。

如此，让我们来看看巢鼠，两只巢鼠的重量很少能超过半个便士，而其庞大的小家庭，8 只生机勃勃的小老鼠，能挤在一个比板球还小的巢穴里，此外，还有更小的伊特鲁里亚鼩鼱，而更让我们兴趣盎然的是，这些老鼠虽小，却五脏俱全，100 英尺长的庞大鳁鲸拥有的器官，它们也都一个不差。蜂鸟的基本构造也和神鹰完全一样，微小的守宫，我们可以装进笔筒，放进腰包，带回家，它们的结构和庞大的鳄鱼没什么分别；鲭鱼从来不超过 1.25 英寸，而它们的五脏六腑也和 36 英尺长的巨型姥鲨别无二致。

结构的复杂性，器官的多样性和差异性，并不取决于实际尺寸，而是取决于这种生物在有机物的全局中处在哪个位置。相比大鲨鱼或巨蟒，巢鼠拥有更复杂的组织结构。普遍的情况的确是，结构越简单的物种体型越小，最简单地就最小。但要完全领会这件事的真实情况，我们必须要知道，这个法则有很多的前提条件和例外。的确，我们经常听到一些无知的氢氧显微镜（oxyhydrogen microscopes）的观察者们宣称，所有那些在热闹的水滴世界中来回跳动的、旋转的微小斑点，都拥有构成人体的一切器官、组织和肢体。类似的说法在几年前那些廉价的博物学汇编书籍中比比皆是。但大量的事实已经证明，这种说法是错误的。不过，近来的情况似乎走向了另一个极端，即认为我们所称的“较低级”的有机生命，在结构上都极其简单。我要说，这个观点也不正确；显微镜每天都在揭示出，这些被仓促定性为简单甚至同质的物种的组织其实相当复杂，它们的器官系统中存在一些最精巧的特征，而所有这些都在不知不觉中被忽视了。

用最先进的显微镜观察存在于每一条清澈沟渠中的一种微小粒子 Melicerta，还有什么比这更有趣呢？你用最精细的钢笔点出的最小的点，也会过于粗大，无法表现其自然尺寸。而它却住在自己建造的温暖舒适的小房子里，这房子是它用一块块的石头垒砌而成，且完美对称，它会在建造的过程中展现出所有非凡石匠的技艺。它会为它的灰泥收集材料，然后亲自和泥；它会为它的砖块收集材料，然后亲自塑模；这些工作都做得细致而精确，只有它的垒砖技术能与之媲美。可以想见，为履行这些职责，这种小生物配备着一种独特的工具，一套器械，而即便我们遍访各种野兽、鸟类、爬行动物及鱼类，再作为补充，探索 50 万种昆虫，也找不到任何能与之媲美的。

整套设备精巧而美丽。这种透明无色的生物的头部能够展开，成为一张宽大透明的圆盘，圆盘的边缘塑形成了四个圆角部分，很像心安草的花朵，只是缺少第五个花瓣。这个花朵式的圆盘的外圈长着颤动的纤毛，它们产生的水流会固定往一个方向流动。如此，圆盘的边缘会形成一股强大而迅疾的水流，沿着所有不规则的轮廓，吸入漂浮的物质粒子。不过，在这水流的每一个涡线中，随着它的粒子陆续抵达一个特定的点，即最上方两个花瓣之间的大凹陷，一部分粒子从旋转的方向上逃出，排成一条线，沿着其面部的顶端，朝前方逃去，直到它们汇合在一个有趣的茶杯形状的小空腔中，它位于我们所称的下巴的位置上。

这个小茶杯就是制作砖块的模具，砖块会在需要的时候，一个一个地制作出来。茶杯的内壁附有纤毛，因此，放进去的材料会处在不停地快速转动中。这些材料都是沉积物的粒子或类似的物质，它们在纤毛构成的水流中，越来越多。接着，通过茶杯的旋转，它们被凝聚起来，或许得到了为此分泌的黏液的辅助，如此便可构造出一个球状的浮粒，制作好后，这个生物会突然弯曲身体，将之排出，放在管道或盒子的边缘，恰如其分地垒在它需要的地方。从制作到排出球粒，整个过程大概用时 3 分钟。

我没有提到这个活物中包含任何其他器官系统：负责消化、循环、呼吸、繁殖、移动、感觉等功能的器官，不过，这些器官在这种生物的组织中多多少少都是清晰可见的，因为它浑身上下都如玻璃般透明。现在，我只请大家注意那部分专门用于修建居所的精巧器官。不过，任何描述也无法传达亲眼看见这种小生物工作给人的感觉；而由于这种生物十分寻常，而且很愿意在显微镜下表演这一功能，因此，这个无与伦比的奇观是很容易见到的。

目睹着 melicerta 的建造过程，我们很难不认为它们是有智慧的，但至少是低于人类的某种智慧。举例来说，当大猩猩将枝杈收集起来，给自己造一张床时；当河狸与同伴协力，咬断幼小的桦树，并收集黏土，打造一座水坝时；当岩燕将泥块收集起来，在我们的檐下构筑一个空心的容器，来存放它的蛋和雏燕时，我们都会毫不迟疑地辨识出其中的智慧——不论称之为本能，还是理性，还是两者的结合。既然如此，当我们看到这种不可思议的微生物的劳作，怎么会看不出那些劳动是某种非物质原则的产物呢？它们一定有一种力量，能够判断盒子的状况，判断要盖多高，需要多少时间；一定有一种意志，决定开始，然后继续下去，再决定停下来（因为纤毛带来的水流完全是受到掌控的）；一定有一种意识，能知道球粒已经做好了；一定有一种准确的评估，能判断出垒砖的位置；是否还应该说，一定有一种记忆，知道前面的球粒垒在了哪里，因为整个垒砌的过程并非遵照着有规律的顺序，而是一会儿放在这边，一会儿放在那边，仅仅保持边缘高度的大致统一；以及一种意志，来决定放置的点。这些当然是智慧的力量。然而，智慧操纵的对象却是一个如此微小的粒子，你哪怕张大眼睛，哪怕在最适宜的环境下，也只能看出有那么一个斑点，你必须举起包含着它的玻璃，放在眼睛和光线之间，并衬托着黑色的背景，这样才能让光线照出那个微小的生物!

在我们周围的水中，存在着一个由大量活物组成的世界，而这个世界是我们的感官完全无法察觉的，想到这一点着实让人心惊。在6 000年里，一代又一代的轮虫和切甲类，纤毛类和原生动物，都在我们的眼皮底下、在我们的手心上繁衍生息。而在过去这个世纪以前，人类从没想到过它们的存在，或者说，人类对它们的了解丝毫不超过认为土星的光环是“悲伤的体现”。曼特尔（Mantell）写了一本很好看的书，书的小标题叫作“窥视不可见的世界”。这是一本关于微小生物的书，它们只会在显微镜下现身。虽然这本书里没有多少原创信息，其中一些观点也站不住脚，但在那个显微镜远没有现在普及的时代，书中还是给出了许多有趣和有指导意义的内容。如今，多数受过教育的人对于这个微小的不可见的世界，都有了一些了解，成千上万双眼睛几乎不间断地盯视着显微镜揭示出的令人惊叹的动植物形态。

而对一种此类有机物（即硅藻）的研究已然蔚为风潮，我们的微生物学家们的重聚也几乎完全被此类奇异对象的名称、科学属性、造型及纹路所占据。前文中，我已经提到了它们在创世经济中扮演的重要角色；但为了让读者对它们的广泛存在有更多了解，我不妨在此多赘述几句。

一个扁平的药盒，或者说一个宽度远大于深度的圆柱形锡罐，差不多就是多数硅藻的形状了，包括蛛网藻。盒子的上下两面是两个玻璃质地的原片，称为瓣膜，侧面也是一圈类似的材料。有时，瓣膜的轮廓（与外圈衔接）不是圆形的，而是椭圆形、矩形、长方形或三角形的。

瓣膜的表面有时呈现为不同角度的凸起，但外圈基本是竖直的，也就是说，不论两头的瓣膜是什么形状，连接两个瓣膜的边圈总是直的。

因此，这是一个完全由透明的火石玻璃组成的盒子，很薄，很脆。瓣膜上有一些小点，似乎是一些凹坑或凸起。或者有一些陷下去或凸起来的线条。在漂亮的蛛网藻中，这两种纹路模式都有。每张瓣膜上都有一系列精巧的线条，从一个中心点向圆周辐射。这些射线又被几个线条贯穿起来，很像我们常见的优美的蜘蛛网，这种海藻的署名便由此而来。在这些网格空间里还有一些成排的小圆点，整个纹路既复杂又迷人，而其绚丽的透明材质更凸显了这一点。如前文所述，这种材质仿佛最纯净的玻璃。

每一个活体中，在环绕的空洞里都有一个很小的圆形身体，称为细胞核，周围包裹着不规则的黄色物质，称细胞内色素，后者的性质尚无定论。总之，一个单独的个体包含两个瓣膜、一个边圈以及里面包裹的东西，加在一起构成藻细胞。

这些美丽的、同时最微小的粒子的增殖方式非常有趣。药盒状的藻细胞会通过边圈的增宽，让身体变深，拉开两边瓣膜的距离。然后，中间位置会生出两张膜，并通过火石材料的堆积，变成玻璃质地的瓣膜，呼应着两个外部的瓣膜。最后，整个藻细胞会在这两个新瓣膜中间断开，分裂成两个藻细胞。旧的边圈（至少在某些情况下）会脱落，或者说，它会让新生细胞的边圈从其内部滑出去，就像望远镜的内筒一样。

不过，藻细胞的分裂并不总是如此干净利落，有时也会通过某个连接点，继续附着在彼此身上。如此一来，经常会产生一种最奇异和有趣的外观。假定原初的藻细胞是砖形的，通过持续的自我分裂，它会变成（比如）十几个砖块。这些砖块当然会一块一块地垒成一堆，但每一个个体都通过角落处的一个小点与彼此衔接，这些衔接点足够牢固又足够柔软，每一个砖形的藻细胞，除衔接点外的其他部分仍能自由活动。整个砖堆中，衔接点并非总位于同一个角落。更常见的情况是，相对的两个角会轮流发挥这一作用，但并不十分规律，如此便形成了一个通过尖角相连的小身体的链条，这种情况非常典型。有一些物种的形态是一种加长的矩形，藻细胞的部分躯体能在彼此身上滑动，如此组成的链条仿佛一段长长的台阶。

有些时候，藻细胞可能呈现出优雅的锲子形状，它会附着在细长的线条末端，这些线条从一个共同点生长出来，以美丽的扇形向外辐射。另一些时候，藻细胞呈现为不规则的梯形，通过一条很短的间隔条带与同伴相连。最常见的可能是一种斜体的 *f* 形态，只是没有末端的点，每一个藻细胞都不和其他藻细胞相连。此类藻细胞有一种联动的能力。在显微镜下，你能看到它们没头脑的蹿来蹿去，但又走不出多远，那画面非常有趣。

这些生物之所以让我们欲罢不能，得益于一些相辅相成的条件。

(1) 它们不可思议的数量，以及无所不在的分布。尤其是在地球上的水域中，它们的身影从赤道一直连绵至南北极，至少人类在能展开调查的靠近南北极的地方都发现了它们的身影，而那些冰凉海水中的终年6 冰川上也明显附着着很多硅藻。

(2) 它们在创世中发挥了广泛的作用。如前文所述，它们不仅在很大程度上成为坚硬地壳的组成部分，同时，它们还（间接）维持着地球上一些最大型生物的生命。

(3) 不同硅藻的造型千奇百怪。

(4) 它们的材料、形状和花纹所呈现的美妙与优雅。

(5) 它们的联动效应及相应的神秘感。迄今，经过了千百位最优秀的微生物学家坚持不懈的观察，这一神秘感仍未被驱散。

(6) 它们的身体能吸收水中溶解的硅质材料，将之打造为坚硬的火石。这一过程让我们惊讶不已，远远超出了我们的理解。

(7) 它们的真正属性。我们总是捉摸不定。它们是动物吗？是植物吗？这个问题至今没有定论。埃伦贝格等知名人士都将它们视为动物，但绝大多数现代观点则倾向于它们的植物属性。也有一些人勉强将它们归入了第四王国：既非一年生动物，也非植物，亦非矿物，而属于一种与上述三类都有着密切关系的独立群体。

(8) 它们的微小尺寸。不同物种的实际尺寸千差万别，大体在五十分之一到六千分之一英寸（甚至更大的区间）之间。不过，我们大概可以定下矩形藻细胞的平均尺寸，长约一千分之一英寸，宽约五千分之一英寸。也就是说，如果你把它们头尾相连，需要 1 000 个藻细胞，才够一英寸的长度，而如果把它们并排连接，则要 5 000 个藻细胞才能凑出 1 英寸。

从充满微生物的池塘里取一滴水，放在一台优质的显微镜下观察，你会看到眼前出现各种各样的生命，这对于年轻的观察者是很有吸引力的。比如，他可以掐掉狐尾藻和丽藻的末端花苞，用针头刺掉一丁点，将之放入显微镜的微生物盒子里，然后在其中加入少量的原生水，即从池塘底部的沉积物中抽取的水。这里面会充满大量的生命，一开始可能让人无所适从：整个盒子里的每一个部分都有生物在动，成千上万的透明躯体四处乱窜，留下迷宫般错综复杂的线条。有些只是无法测量的小点，看不出任何形态，也看不出明确的直径；另一些可以识别出来，形状则千奇百怪。你会看到一些微小而透明的梨聚合起来①，根茎相连，仿佛构成球体，在它们的茫茫大海里欢快地旋转。突然，其中一只“梨”切断了与整个家族的联结，自赴前程，孤身上路了。接着，另一只也摆脱了集体。你还会看到很多类似的梨子，也在四处漫游，有的孤身一人。有的成群成队，透亮的果冻的尖端，内部有几个斑点。这边，一个玻璃球滚过来了，它缓慢的步伐透着一股庄重，它的材料上镶着 16 颗对称的绿宝石，每颗绿宝石的末端又镶着一颗微小的红宝石②，美轮美奂。这边有一些优雅的生物③，仿佛鱼类，仿佛板羽球的球板，仿佛白杨树的叶子，种类很多，但都透着一种浓绿色调，并伴有一个透明的橘色斑块，它们懒洋洋地扭过，叶片时不时地翻转起来，以开瓶器般的模样螺旋着前进。

你能看到清亮的果冻圆盘，它们不停变换着轮廓，很快你就会意识到，它们千变万化，并无固定造型。它的整个躯体，就像一小滴蛋白，几乎完全同质，只有体内有一两个气泡，在轮廓上推出尖角和凸块，收缩这边，拉伸那边，让这边的尖角变圆，在我们盯着它的全部时间里，从未出现过两次一模一样的造型④。这边，一个微小的粒子以奇异的移动方式抓住了你的眼球⑤。其外观像一个不规则的球体，圆周附近有一个亮点，整个身体上有一些鬃毛从外围斜刺而出，不是竖直的，而亮点附近的鬃毛更粗更硬。它停留在一个地点，不断绕着中心旋转，有时转得很快，遮掩了身上的一切特征，有时则处心积虑地展示它的鬃毛和身

① 小团孢（Uvella）。
② 空球藻（Eudorina）。
③ 眼虫藻（Euglena）。
④ 阿米巴虫（Amaeba）。
⑤ 或许是车轮虫（Trichodina grandinella）。

体。有时，它会向四面八方转旋转，仿佛要让我们知道，它是一种近似的球形，而非圆盘。时不时地，它会突然向一侧跳去，大约跳出其半径20倍的距离，接着又像平常那样旋转起来，或者连续跳上好几回。总之，这是个袖珍的活宝。

一个大大个的矩形块体滚了过来，紫色的躯体[1]，仿佛一堆小鱼中的海神。它突然停下猛冲的脚步，用身体的末端撑在一块叶子的碎片上，然后展开了身体的另外一端，呈现出优雅的喇叭形状，并将一瓣嘴唇内卷，呈现某种螺旋形，有点像漂亮的非洲海芋或水芋。接着，它拉长自己的身体，并持续拉长，直到从其连生的低处伸出了一只很细的脚。在它张开的嘴边，有一圈生机勃勃的纤毛在快速旋转，让我们很惊喜。这些纤毛就像钩子一样，出现在那个圆圈上，看上去正被带入或靠近视线，伴随着动作的快慢，或向外转，或向内转。圆圈上的其他部分，只能看出是一张薄膜，在它们的点构成的线的旁边，仿佛长在基座上的微小牙齿。这种生物的质地是半透明的，因此我们很难确定其喇叭形轮廓的具体造型。有时，它似乎是圆形的，但有一边切掉了一大块；可它还是有一层薄膜边缘，似乎其空隙处罩着一层透明的膜。然后，仿佛嘴微微转向眼睛，这个空隙就看不见了，但有一部分的边缘螺旋内卷，另外那个部分是如何加入进来的，很难分辨。接着，突然间，孔穴又出现了，却成了一个从侧面切出的大圆孔，边缘几乎完全在其上方。接着，这个小孔迅速收缩成了一个点。但所有这些外在的表现——其神秘感大大增强了年轻观察者对这些生物的兴趣——似乎仰仗于一个收缩性的囊体的存在，后者能交替地填充和清空自己，膨胀时，它常常会在很大程

---

① 喇叭虫（Stentor）。

度上取代那些有颜色的薄壁组织或肉体，以至于只剩下一层最薄的透明皮肤覆在其体外。

一簇针形的叶片也充满生机。外面附着着许多硅藻，呈现奇异的扇形链条。更多单独的个体散布在整个区域里，移动得很慢，一抽一抽地行进，与微生物快速冲蹿的样子形成鲜明对比。在植物茎干上，仿佛在牢固的地面上一样，固定着一棵美丽的树①，其笔直的树干上伸展出许多纤细、多叉的枝丫。枝丫上没有树叶，而是有很多优美的透明铃铛，或者说红酒杯式的花瓶，繁茂地散布在树杈上。每一个花瓶的瓶口都有一圈纤毛，当瓶口打开时，纤毛会不停地旋转，但当瓶口收起时，纤毛也可随意收起，几乎不见踪影。每一个瞬间，在这无数个枝杈中，总有一些枝杈在螺旋着收缩，拧着一股劲儿，仿佛承压的钢丝弹簧，随后，再次处心积虑地伸展开。时不时地，主树干本身也会出现同样的收缩，但幅度没那么大。而当它伸展开时，我们可以看到一个条带贯穿在其透明物质的中线上，可以看出，正是那种收缩的力量主导着这一现象，其性质可能类似于肌肉。那些优美的花瓶上有几个黄色的球形物，看上去似乎是胃，或者更准确地说，是临时性的吸收食物的腔体。如果将一小块靛青或胭脂红的颜料混入水滴，旋转的纤毛会将颜色带入口中，不一会儿，我们就会看到一种淡蓝色或粉色出现在其无色的肌肤之中，随着越来越多的色素被它吸入，这些颜色会快速加深，最终变成最浓重的深蓝色，或完完全全的鲜红色。

观察者或许还可以看到一种最优美的微生物，即簇轮虫。仿佛一管明胶立在叶片上，如此轻薄、透明，人们只能通过附着在其表面上的

---

① 独宿虫（Carchesium）。

沉积元素来分辨它们。这些沉积物似乎是持续不断的，它们是这位居民的皮肤中分泌和排出的黏液。其最近形成的上半部分则没有这样的外来物质，因此很难辨识它的末端。这个管状物中住着一位美丽的建造者；其纤细的足，或曰梗节，可伸出很长一部分，不亚于整个管状物本身，而当这个动物陷入欣喜，那条足又会突然收缩回去，进入其透明的卵形身体内，其中，所有器官都清晰可见。其上半部分伸展开后，会成为一个最精巧的圆盘，或者说一个由明胶薄膜构成的透明浅杯，它有五个角，每个角上有一个圆形凸起。每个凸起上都长着一束长长的鬃毛，非常柔软，仿佛最精良的玻璃丝。每一束大概有50根，从共同的底座向四面八方辐射，而且长短不一，美轮美奂。任何细微的震动，比如桌子的摇晃，或关门的震动，都会让这些美丽的生物警惕不已，它会突然收起其漂亮的花朵，撤回至管状的身体中，那些毛发在后撤的过程中会束成一个圆柱。稍后，它们还会再次伸出来，一如既往。伸展时，这些毛发几乎一动不动，但当整束毛发都伸出后，经常能见到一种从头划到尾的战栗。圆盘的表面上有一圈不停转动的纤毛，其功能是将周围漂浮的物体吸入漩涡中。那些微小的轻飘飘的单胞虫毫无防备地旋转着飘来，然后一个个地陷进活的漩涡之中，被囚禁在这个透明的监狱里。我们可以用眼睛追踪它们，见证它们的命运。在广阔的庄稼地里一圈一圈地旋转，一对镊子似的下颚终于抓住了它们，挤压一下，又放开它们，让它们再次旋转起来，接着又抓住它们，挤压一下，最终，在几次这样的预先挤压后，那些命运多舛的粒子突然伴随着一大口水被吞进了某个圈套的门，也就是进入了真正用来消化食物的胃部，随即暗淡下来，迷失在了这个大块头体内。

在这株植物密集的叶片中间，有一些微小的生物在无比辛勤地劳动。其中一个，整体轮廓会让我们联想起豚鼠，但必须将豚鼠的两条后腿换成叉子的形状，前腿则要直接去掉毛鳞椎轮（Notommata lacinulata）。这是个坐立不安的小恶棍，它在狐尾藻细丝状的叶子间不停地动，一会儿穿过某个狭窄的孔穴，用其有趣的叉子状的后足作为支撑，一会儿停下来，在腐败的果皮上噬咬着，一会儿又冲过一片开阔的水面，前往别处。我们看到它的大眼睛闪烁着红宝石的光彩，而且同波吕斐摩斯一样，就位于额头的正中间，还有它有趣的下颚的设备，其尖端直接从头部的前方伸出，当它在腐败的植物元素摸索时，这设备非常活跃，不停地为那一大堆黄绿色的食物添砖加瓦，它们已经让它的肚子胀得好像大腹便便的肥猪。而当它游走时，我们看到了它漂亮的背部，并注意到了一对半球状的隆起，在它的大头两侧一边一个，显然连接着它的动力系统。它的整个前身都覆盖着震动的纤毛，但这些隆起的器官上纤毛生得更浓密，可以随这个小动物的愿意伸出和收起，能带来强大的漩涡水流。

在同一束叶子的另一边，可能还有一群樽海鞘也在同样忙碌地觅食。这些生物和前面的有些相像，但它们的身体包裹在某种外壳、或者说透明的盒子里，背部高高拱起，腹部几乎是平的，两端中空。它的外壳非常漂亮，而我们发现这些外壳时，里面柔软的部分一般都不见了，也就是说它已经死了。外壳很硬，完全透明，布满了小凹坑。除头尾外都是封闭的，头尾两部分被切掉了，前面用来伸脑袋，后面用来伸它的叉形足：其背部隆起，成为两条高高的、纵向的、锋利的脊骨，脊骨的中间是一道深沟，而由于脊骨的材料完全是透明的，当这种动物移动时，会产生一种非常有意思的效果。不论前后，脊骨都向外伸出，构成尖角，前面的脊骨越过头部，仿佛弯曲的头角。同样，这些小生物的营养来源也是柔软的植物组织，或是一些积聚在水生植物茎叶上的半溶解物质。它们胃口很大，几乎所有时间都在用嘴觅食。而用餐时，它们的足，包含两个僵硬的不相连的芒节，此时会并拢起来。它们可以打开也可以合拢，仿佛指南针般的一对针脚，而且能通过灵活的底座，放在任何位置上，这底座构成了假性的、或曰望远镜似的关节。这些足关节的末端被用来作为它们移动时的支点；关节垂直地立在茎秆等物质上，在上面爬行，或觅食，它的身体会水平趴下，头部便可触及同一个平面。如此，不必移动其支撑点，便可用嘴覆盖很大的一个表面，或者向前拉伸，直到腿部几乎拉平，或者向后缩，直到支撑点位于腹部下方。

我用“贪婪”来形容它们的觅食状况，更多是指它们为此付出的辛劳和表现出来的热情，而非实际吃到食物的量。这一点其实不好察觉，虽然它们的下颚会不断向前戳刺，并且带着不知疲倦的韧性和能量，一张一合。但它们可能只能剥掉最少量的粒子，因为我们看不出有多少粒子进入胃部，这一点和前面的情况不同，我们只能看到其内脏的颜色逐渐退去，再慢慢染上一种发黄的橄榄色调，并越来越深。

你可能也会看见这种微生物的大个的椭圆形卵附着在各处的叶子上，这些卵非常大，几乎有它们的半个身子那么长，形状对称，非常漂亮。包裹在一层很脆的透明壳子里，看上去很像鸟蛋。我们盯着其中一只，很容易能看到下蛋的场面。注意要选择正处于产蛋状态的个体，因为它们的身体完全透明，我们能轻易辨识出这一点。卵巢位于它们的腹部，当一只蛋成形时，其躯体会变得越来越不透明，越来越大，直到几乎半个身体都被蛋占据。突然，蛋就被排了出去，一开始只是一堆柔软的块体，没有外壳，但很快，在排出的过程中，它就变成了常规的椭圆形状，蛋的外皮也会立刻硬化为外壳。

此时，再坚守几个小时，你会目睹到一个形态完好的动物从新下的蛋中破壳而出。起初，蛋很浑浊，几乎不透明；但几个小时后，你就能感觉到蛋壳内的物质开始变成透明的肉体，并发育出器官和内脏，而覆盖物和薄膜也会在一层层的包裹中变得越来越显眼。再过一小时，你可以看到前部纤毛的活动。一开始，只是微弱的断续的波浪起伏，不一会儿，变得越来越活跃。最终，它们会扭动非常明显，无休无止。与此同时，眼睛出现了，起初是蛋的中心附近会出现一个浅红色的痕迹。慢慢地，显现出明确的轮廓，透出红宝石似的光彩。随后，眼睛后面闪现出一种微小的动作，可以看出，它的下颚已经发育好了，完整的肌肉也有了形状，并有了收缩的力量。此时距离蛋被排出已有 4 个小时。胚胎的动作越来越强烈了，突然间，一阵痉挛，身体外的覆盖物变换了位置，纤毛的动作更快了。此时，蛋的外形发生了一点变化——更像椭圆形了。接着，中间稍微收窄，显然是因为身体的两端在向外推挤。此刻，蛋的末端窜出一条白线——一道裂缝。转眼间，破碎的蛋壳就脱落了，小生灵的头部伸了出来，纤毛在水中灵巧地摇摆。有一瞬间，这位新生儿就坐在蛋壳中，仿佛坐在鸟巢里。接着它就游开了。我们看到，不论形态还是结构，它都和其父母如出一辙，它的外壳，它的后足，所有间隔的内脏，都完美如初，绝无差池。

这些小生灵的外壳是对称和美观的典范，而且形态千奇百怪。有一些带有漂亮有趣的纹路，而考虑到这些生物本身微小的让人难以看见，那些精巧的纹路就显得更加不同凡响了。有的包裹着一层常见的玻璃式外壳，轮廓近乎圆形，非常平整，但背部有轻微隆起，下巴处有半圆形的空洞，额头上武装着两只向下弯曲的角；后部很方正，侧面有两道脊骨。整个表面上都覆盖着微小的凸点，甚至头角和脊骨上也不例外；此外，背部还有一些隆起的背脊，构成了规律的纹路，无法用语言描述，但有一种奇妙的对称，构成三个五边形区域，另有 8 个不完整的五边形围绕在周围。

这种花纹在较小的活跃类属（Anuaea）身上最为亮眼，它们完全没有足，此类动物基本都是如此，而且永远在游动，似乎无法停下来，至少无法爬行。这个群体包含许多物种，多数都在外壳上装饰着各式各样的对称图案。其中一种名为 A.tecta 有一条脊骨纵贯背部中线，将贝壳分成了两个相同的侧面，每个侧面又被交叉的脊骨分成了约 10 个多面体区域，每个区域各不一样，但在中心脊骨的两边完美对称。在每一个个体身上，每个区域的造型都是固定的。另一个物种名为 A.curvicornis，中线分为 5 个区域，第一个区域是一个不完美的六边形，第二个区域是正方形，后面三个区域都是六边形；其他的脊骨从前面凸起的角开始向后分布，划过身体的两侧，构成了另一些不完美的多边形。另一些物种如 A.Aculeata、serrulata 等，外壳划分为了许多密集的六边形图案，外部或后部的脊骨造型各不相同但有一个共同点，即作为间隔的脊骨都是一些明确的狭窄隆起，且从头到尾都武装着单排的锥形凸点。

有人可能认为，我说的所有这些生物都在同一滴水中，有夸张之嫌。事实上，我不会假装它们都来自于一次单独的观察；同时我也要说，上文描述的内容无一不是我亲眼观察到的；而我也的确知道很多小池塘和很多其他类型的水域中，都充满了有机生命，只要随机取出一滴水，就会充满我所枚举的这些生物，以及许多其他物种，虽然它们或许不会同时出现在一个观测盒中。但重点在于，这些物种以及千百种其他物种都是很容易获得的，而且一定不会让观察者失望。它们的多样性几乎无穷无尽。

当你花几个小时观察这些小生物的移动，辨别它们的形态，直到你对它们了然于胸，然后突然将眼睛从设备上移开，用裸眼盯着设备下方的细胞，很少有什么比这样的反差更惊人的了。这就是我们一直在观察的东西吗？这个四分之一英寸大的斑点就是那个充满忙碌生命的地方吗？那数十个活跃的生物，难道就在这里面觅食、窥伺、狩猎、躲避、游动、爬行、舞动、旋转，以及孵育着下一代吗？它们真得在这里吗？到底在哪儿呢？这里什么也没有，一无所有，只有两三个极微小的点，哪怕张大眼睛，锁定光线，也无法一直能看到它们。

的确，我们在拇指和食指间掌握的世界，这个一滴水中的世界，这个充满嬉戏、欢快、喧闹的小家伙们的世界，一个针尖就能撑起的世界，比在巴芬湾（Baffin's Bay）翻滚的鲸群的世界更精彩，比在锡兰的森林里摇撼大地的象群的世界更美妙。确实如此，造就这一切的伟大上帝果真是渺小中的伟大者！

第七章

难忘的

每位博物学家都能回忆起几件在自然中见证的事件，这些事件抓住了他的想象力，让他在多年后仍记忆犹新，感觉一生也无法忘怀。这些事件发生时伴随着一种猛烈的力量，在其心中刻下了不可磨灭的印记。此后就长期保存了下来，并将伴随记忆长期保存下去，而当新的印记一层层地消退，愈发模糊不清，那些刻骨铭心的事件反而不时会清晰地凸显，几乎触手可及。它们构成其生命中的伟大地标：就像漫长的海岸线上凸出的海角一样，醒目分明，而穿插其中的海岸早已消失在了视野之中。

每一位密切观察自然的人都很熟悉这种情况，而尤其谙熟于此的往往是一些性情中最具诗情画意之人，这些人最容易从新奇、雄伟或美丽的事物中接收到愉悦的情感并各有所好。在描述这些事实时，他或许无法向他人传达同样的感受，因为在他的记忆里，那些覆盖在特定物体或事件上的光环，很大程度上取决他自身的思维习性，或者说，取决某些与对象关联的特殊的思维或情感状况。那些让你激动不已的事情，对他人而言只是一个事实，甚至是一个无关紧要的事实。因为事情本身可能微不足道，重要的是它发生的时间、场所、联想，以及成就此事的期望。下面我们来看几个例子。

我在纽芬兰和加拿大住过几年，那段期间，我对于威尔逊（Wilson）的《美国鸟类学》几乎像对字母一样熟悉，最终，当我前往南部各州旅行时，许多在北方见不到的鸟类激起了我的浓厚兴趣。其中最令人兴奋的即卡罗琳夜鹰（Caprimulgus Carolinensis），其夜间的叫声似乎在重复着这样几个单词“chuck-will’s widow”。我不知道是什么让这种鸟显得如此有趣。或许是它奇特的仿佛人类哭声的鸣叫；或许是因为它出现的时间十分庄严——夜晚的声音总是自带罗曼蒂克的氛围；或许因为很少有人目睹它的身影；或许因为人们为它赋予了许多迷信的意涵；或许是因为所有这些；或许这些都无关痛痒。我说不清楚，我只知道：我热切地渴望听到它发出的那声“chuck-will’s widow”。

我在晚春初夏时分抵达南方，在一座阿拉巴马的山村落脚。有一天晚上，主人早已入睡，我还坐在卧室的窗户旁边。那是一个孤寂的夜晚，雷雨初歇，空气清明；月亮高悬在西天上，繁星闪耀；树上仍挂着雨滴，在月光和星光下熠熠生辉。一株巨大的梓树就在我的窗下盛放，浓郁的铁线莲的香气从女子凉棚的架子上徐徐飘来。小花园外面是一片庄严的森林，密布着成排的原始林木，幽暗而朦胧。节令尚早，那些将在残夏的森林里发出固执喧声的禅尚未开始工作，四周万籁俱寂，无声无息。万物皆充满诗意，我的心很宁静，很喜悦。它只需要享用几分钟的午夜时光。此时，窗下的石榴树上突然传来清晰的“chuck-will’s widow”声音，那声音离我只有几码远。完全就像有人在说这几个单词“chuck—widowwidow”。当时我并没有想到是一种鸟的叫声，在它发出叫声的一瞬间，我听出来了，一阵惊喜和快乐立刻席卷了我。我几乎不敢呼吸，担心任何一点声音都会吓跑它，我张大耳朵，专心聆听它发出的每一个音节，它不断地重复着同一种呼叫，每次呼叫之间会间隔几秒钟，如此持续约半个小时。另一只夜莺也开始在不远处响应它，两只鸟开始了合唱，有时交替发声，有时几乎并声高歌。接着，位于林子深处的夜莺也加入了它们，然后其中一只振翅离开。咒语被打破，我上床睡觉，但即便进入了梦乡，那种魔幻的声音似乎仍回荡在我耳中。

我在牙买加见到了斑马长翼蝶（Heliconia Charitonia），当时的快乐至今仍记忆犹新。这种蝴蝶的优美外观与我熟悉的任何蝴蝶都大不一样，这种生物是赤道周边地区所独有的，与南美洲华丽的幽暗相得益彰，我从未在欧洲或北半球的任何地方见过这一生物。最初，我看见它拍动着翅膀，无所畏惧地缓缓飞过一大丛盛开的仙人掌，后者本身也令人难忘。那只蝴蝶的造型美丽而奇异，狭长的翅膀很不寻常，颜色呈现着绚丽的反差，柠檬黄搭配天鹅绒般的黑色条带，飞翔时翅膀的动作也很独特，仿佛因为太长，而显得有些笨拙，所有这些都深深吸引了我。后来，我又在另一种情境下见到此类生物，更强化了初次见到它时的激动心情。

有一天，我在日落前经过一座陡峭的山坡，一路都是林木和岩石，我的视线被岩坑中的一群此类蝴蝶所吸引，它们的头顶是一些垂下来的枝条和藤蔓。数量约有 20 只，完全像蚊虫一样翻飞着，或者像英格兰那些在林边飞舞的蝙蝠蛾。过了一会儿，我注意到其中一些收起翅膀，停在一两条垂挂着的藤条的尖端处。接着，它们一只跟着一只，从舞群撤离到休息的小分队中，紧靠着彼此。最终，除两三只飞走以外，剩下的凝聚成几个小组，每组有五六只，几乎能一把抓住。停下后，它们一般不会再次飞起，但偶尔有一个新来者，想要插入某个小组，寻找一个位置，有时会碰到旁边刚停下来的一只，此时，后者可能会张开翅膀，接着会有一两只蝴蝶再次飞舞起来。藤条上没有叶子，而这些挤在一起的蝴蝶展现出的画面，它们向各个方向竖起的翅膀，实在是妙趣十足。附近的居民告诉我，它们每晚都会这样聚集起来，但那之后，我再见到这一情景时，蝴蝶的数量都不及我这次见到的三分之一多。

另一个我永远无法忘怀的画面是：日出时分，一群斯氏燕蛾（Urania Sloanus）在一棵鲜花盛开的树旁翻飞的景象。这是最美丽的蝴蝶品种之一，其宽大的翅膀和身体穿着一袭盛装，天鹅绒般的黑色和祖母绿色，以横向条纹穿插分布，并搭配着一个宽阔的红宝石和金色的圆盘，其全身闪烁着一种独特的放射性线条，仿佛宝石粉末。此外，它还是理论昆虫学家的一个心头好，因为它是将两大族群联系起来的过渡物种之一。看到它，人人都会说它是一只蝴蝶，但它同时拥有飞蛾的身体特征。

在牙买加的一个特定季节，具体说，即每年四月的第一个星期，这种风华绝代的昆虫总会准确无误地大批出现。牛油果是一种备受推崇的月桂属的植物果实。每逢这个时候，牛油果树总会进入盛放期，进而成为招引此类蝴蝶的主要诱因。每当初升的太阳在东方天际投下一抹金辉，这些蝴蝶就一只接一只地飞来了，当那团辉煌的球体出现在地平线上，这些可爱的活动的宝石已经成群结队地翻飞着，几十只甚至上百只，围绕在一棵选定的树木旁边。水平的阳光照射在它们闪烁的翅膀上，耀眼夺目。它们会在芬芳的花朵上欢快地舞动，投入在嬉戏打闹的规定动作中，或乘着翅膀，飞上几百英尺的高空，这景象在短暂的早晨构成绝美的奇观。对我而言，为了能一睹这一奇观，哪怕付出几年的辛劳，也在所不惜。

如果允许我再举一个让自己记忆犹新的博物学经验，那是在牙买加的一座山林内。当时，烈日投下几乎令人绝望的阳光，但仅仅走出几步路，便可来到一处树荫极其浓密的地方，那场面几乎令人生畏。不过，那是一片美好的林荫地，空中弥漫着一种被削弱的柔和光线，很像在支柱众多的老教堂里、阳光艰难地穿透许多彩色玻璃照射进来的样子。其中的一些植物，我常常在我们国家的一些温室中看到精心培养和照料的样本，但在这里，它们都处于繁茂无比的野生状态。脚下是浓密的石松编织的地毯，带着最精巧的图案，它们在倒掉的树干和散落的岩石上繁茂地生长着；岩隙中还窜出了许多优美的羊齿植物。附近散落着一些高大的无花果树，一些雄伟的巨树，树龄至少有千年以上，庞大的树干穿透摇曳的树叶构成的大屋顶，直插天际，并在高处伸展开来。在它们的粗糙树皮的裂缝中，以及在一些低矮树木的枝杈上，生长着一些妙趣横生的寄生植物：野松、杉树、兰花、仙人掌、石柑，繁茂无比。这些树木也被长长的叶子层层堆叠着，正如轮船桅杆上堆叠着的各种各样的支索、支柱和扬帆绳：有些很粗壮，如绳索一般，有些只是纤细的线圈，前后穿插，一圈圈地挂着，或在空中摇来荡去。

而在这些天马行空的植被之间，最令我印象深刻的莫过于一些树状的蕨类植物。我们经常在英国的小径中领略此类植物的优雅风采，但在这里，看着它们被放大无数倍，外扩的枝叶几乎遮蔽了一片半径达20英尺的区域，同时，它们依然保留了此类植物典型的轻盈与细小的分叉。保留了轻如羽毛的叶片的冠冕，它们的高度不亚于树冠的宽度。站在这美丽的拱顶之下，仰望其巨大而翠绿的阳伞，探视其中精巧的银饰花纹般的枝叶，那画面美轮美奂，让人永生难忘。

查尔斯·达尔文透过其洋洋洒洒的文笔及风雅而诗意的心灵，将陌生土地上的奇异景象生动地展现在我们面前。他是如此描述对南美森林第一印象的："日子愉快地流逝。但愉快本身并不足以表达一位博物学家的心情，这可是他平生第一次独自在巴西的丛林里游荡。优美的草地、新奇的寄生植物、美丽的花、翠绿的叶，以及首当其冲的铺天盖地的繁茂，都让我满怀敬意。林间树荫下充满声响与寂静的悖论式融合。昆虫的鸣叫如此响亮，甚至在离岸边数百码的轮船上也听得见；然而，森林的深处却弥漫着一种无处不在的寂静。对于热爱博物学的人而言，这样度过的一天所带来的深切欢愉，是不敢奢望能再度体验的。"①

在此次不平凡的旅程中，他又再次描述了相同的场景："以上即整个场景中的各种元素，但不要指望能描绘出它的总体效果。博学的博物学家在描述这些热带场景时，会罗列出各种各样的对象，记录下它们各自的典型特征。博学的旅行家或许能从中读出一些明确的概念；但除了他们以外，谁在标本室看到一株植物，就能想象出它在原本的栖息环境中的生长样貌呢？谁在温室中看到某些植物，

---

①《博物学家的旅程》（*Naturalist's Voyage*），第一章。

就能将其放大到林木的尺寸，将其置于纷繁而茂密的丛林里呢？”谁在昆虫学家的橱柜中看到欢快的异国蝴蝶和奇异的禅，就能发挥联想，将这些已经没有生命的对象，与后者无休无止的刺耳乐音和前者懒洋洋飞舞地姿态，以及势必伴随着它们的寂静明媚的热带正午的景象联系起来呢？当日头升到最高点时，你可以看到这样的景象：浓密、优美的芒果树为地面投下最深邃的暗影，其上层的枝杈在光线的辉映下显出最绚烂的绿色。温带的情况有所不同：那里的植被没这么深邃，也没这么绚烂；因此，能为温带的美丽增添更多光华的是落日光线中的红色、紫色和亮黄色。

“当我静静地走过这些阴凉的过道，欣赏着陆续展开的一幅幅画面，我多希望自己能找到语言来描述我的心情。一个又一个的形容词都太孱弱，不足以向没到过热带的人表达这种内心的喜悦。我前面说过，温室里的植物无法传达植被的真正样貌，在此我必须复述这一点：这片土地是一座硕大、狂野、杂乱而繁茂的温室，是自然为自己打造的居所，但被人类据为己有，并在其中点缀了无趣的房屋和规整的园林。如果每位大自然的崇拜者都能见证另一座星球的景观，人们的愿望会多么强烈呢！但对于每一位住在欧洲的人，情况或许真是如此，仅仅在与本土相隔几个维度的地方，另一个世界的辉煌便会在眼前展开。在我上次散步的时候，我总是不断停步，注视着那些美景，企图将它们永远刻在我的心中，虽然我知道，这些印象迟早会离我而去。橙子树、椰子树、棕榈树、芒果树、树状蕨类植物以及香蕉的造型，我会一直记忆犹新；但那些将所有这些合而为一的千万种美丽一定会日渐模糊；不过，就像我们儿时听到的童话故事，它们必定会留下一幅图景，其中充满各种朦胧而美轮美奂的形象。”[①]

已故的詹姆斯·威尔逊（James Wilson）最初见到荷兰鹳鸟时的场景令人印象深刻。那是一个宁静而美丽的夏夜，他闲逛到一座教堂的庭院，太阳缓缓落下，黄昏的光线渐渐变暗，他发现自己孤身一人，周围万籁俱寂，气氛庄严；他身边没有任何明显的声音打破这完美的孤寂。突然间，空中传来一声轻柔的扬谷声，他抬头仰望，心里自然而然地想到天使和灵性访客，他看到两只白色翅膀的生灵悬在空中，不一会儿，它们向下飞来，落在他的脚边不远处。是鹳！它显然是为潮湿而疯长的草丛所吸引，希望在露水引来的众多昆虫和蛞蝓中饱餐一顿。不过，看见一个活人似乎打扰了它们的兴致，它们通常在这里见到的只有死人；于是，它们张开宽大的翅膀，飞上了塔尖，同时发出狂野悲痛的哀鸣，大大加强原本就有的孤寂之感。难怪这位博物学家之后再遇到鹳时，总是会历历在目地想起此次在代尔夫特墓园的惊喜遭遇[②]。

在所有有能力和有兴趣欣赏此类景象的人里，只有极少数曾在优雅的天堂鸟所在的遥远的热带丛林里见过它们。它们的栖息地依然是科学上的未知之地。在现代探险家的不屈不挠的努力下，几乎整个世界都展现在我们面前。然而，新几内亚的那些阴郁而凶残的蛮荒之所，以及当地人对异乡人的敌意，至今仍让我们对这个世界最大的岛屿所知甚少。少数几位探险家曾在海岸上对其有过蜻蜓点水的探索，他们荷枪实弹，从海边向内陆行进了一两英里，但这样的探险非但没有熄灭、反而更加刺激了人们的好奇心，人们愈发渴望了解当地似乎非常丰富的动植物资源。

---

① 《博物学家的旅程》（*Naturalist's Voy.*），第二十一章。
② 汉密尔顿（Hamilton），《威尔顿回忆录》（*Memoirs of Wilton*），第 33 页。

天堂鸟的标本已经被东方群岛的本土贸易商带到欧洲，它们无与伦比的艳丽翎羽，让人们轻易相信了各种关于它们身世的奇幻描述。这些荒谬的说法愈演愈烈，但依然没有一位博物学家在天然栖息地里见过它们。最终，动物学家 M・莱松与一支法国远征队一起抵达了这座岛屿。在海岸停留的几天里，他勤勉地四处搜寻，观察了几十只这样的鸟。下面是他讲述的初次见到这一活宝石的情景：

"在抵达这座博物学家的应许之地后，我很快就踏上了一次狩猎行程。我跋涉在那些原始森林中，作为时代的掌上明珠，其浓郁的深山老林几乎是我所见过的最不凡，最壮丽的，而刚走出几百步，一只天堂鸟便击中了我的视线：它上下翻飞，姿态优雅，侧身的羽毛构成了空中的优美羽饰。毫不夸张地说，简直像一颗绚丽的流星。我顿时陷入了惊喜之中，一种难以言传的满足感油然而生，我贪婪地盯着这只美妙的鸟；心中激情澎湃，以至于忘记举枪射击，直到它消失不见，我才想起手中握着一杆枪。"①

奥杜邦（Audubon）是一位热情的美洲鸟类记录者，对一种不凡的老鹰的发现是他回忆中的亮点，这种鹰被他命名为了"华盛顿之鸟"。"那是一个冬夜，"他记录到，"1841 年 2 月，我人生中第一次有幸见到了这种罕见而庞大的鸟类，它带给我的快乐让我永生难忘。哪怕是发现了那颗以其名字命名的星球的赫舍尔（Herschel），也不可能得到更多喜悦了。因为当你有了新东西可以讲述，当你成为科学的贡献者，你心中必定会萌生最骄傲的情感。当时，我们在进行一次贸易之旅，沿着密西西比河溯流而上，凛冽的寒风在我们头顶吹起哨音，如果是在其他季

① 《科基尔行记》（*Voy. de la Coquille*）。

节，我一定会对这条河流抱有极大的兴趣，但此时的寒冷几乎让我变得无动于衷。我平躺在船长身边，货物的安全被抛在了脑后，唯一能吸引我注意的只有成群结队的野鸭子，它们的种类很多，此外还有不时从我们头顶飞过的大批天鹅。船长是一位加拿大人，学识渊博，多年来一直经营皮草生意。他看出了我对这些鸟类的好奇心，于是开始焦急地为我寻找一些新目标，以转移我对寒冷的注意力。此时，那只苍鹰飞过我们头顶。'太幸运了！'他喊道；'我本来就应该想到的。看哪，先生！那只大鹰！那是我离开湖泊后看到的第一只。'我马上站了起来，仔细观察它，当它离开我的视野后，我已经认定，我还从没见过这种鹰。"

直到几年后，他才有机会再次见到这种鸟类。在某地的悬崖绝壁上，有一只被当地乡民称为"褐鹰"的物种的巢穴，那只巢穴的某些特点让这位鸟类学家暗自期望，这可能正是他心心念念的那个物种。他决定去一探究竟。"我满怀期望，"他继续说道，"我藏身在距悬崖下方约一百码外的地方。时间从没过得这么慢过。我无法不表现出最焦急的好奇心，我的心在窃窃私语，这正是那种巨鹰的巢穴。两个漫长的钟头过去后，两只雏鸟发出响亮的嘶鸣，向我们宣告了一只成鸟的到来，它们趴在洞穴的边缘，接收一条美味的鱼。我的视野很清晰，我看见那只成鸟飞向岩石的边缘；它的尾巴伸展着，翅膀半张着，悬在空中，仿佛一只岩燕。我浑身战栗，恐怕同伴会叫出声来，此时，同伴们已经发出喃喃低语；他们也感受到了我的紧张，虽然他们兴趣不大，但也开始和我一起凝神注视着。几分钟后，另一位母亲加入了它的伴侣，从尺寸来看（雌鹰要大得多）。我们知道这是雌鹰，它也带回了一条鱼，不过，它比其伴侣更加谨慎，降落时，它环顾四周，并立刻察觉到她产卵的床榻已经被发现，她即刻丢下猎物，向雄鹰发出尖声警示，接着这两只鹰一起盘旋在我们的头顶，不断发出威胁式的嚎叫，吓阻我们实施它们所怀疑的计划。”

随后的几日天气恶劣，我们无法接近巢穴，最终，我们发现雏鸟已经被它们的父母迁走了。“终于到了我一直热切期望的一天。距离发现那只巢穴已经过去两年，我的愿望终于得到满足。那一天，我看到一只这样的巨鹰从一小片围拢中飞起，那里有一些阉猪被它残杀，它当时就停在路旁的一棵矮树上，树枝悬在道路上方。我举起随身携带的双筒枪，上膛，小心翼翼地走向它；它有些无动于衷地等着我靠近，它用一只无畏的眼睛俯瞰着我。我开枪射击，它应声跌落；来到它身旁时，它已经咽气了。我满怀欣喜地查看这只巨鸟！然后带着它跑去找我的朋友，只有他们能感受到我的骄傲，因为他们也和我一样，在童年时期痴迷于此类追求，并从中获得最初的欢愉，但在其他人看来，我一定显得有些不合时宜。”①

在前文已提到我与一种夜莺相逢的故事；读者们想必也乐于和我们的本土物种进行一次夜间交流，在这方面，一位平实可靠的观察者、一位十足的户外博物学家（托马斯先生，萨里动物园里的养鸟人）为我们带来了以下这份描述 +。那也是一个不乏浪漫的场景。当时，这位要人暂时离开了其都市的工作，外出度假，而为了最有效地利用这个假期，他决定在户外度过一个夏夜。黄昏时分，他已经置身于距伦敦数英里外的地方，那是一片田野，新收割的干草堆在地上，等待运输。附近没有一个人影，他把两摞干草摞在一片树林的边上，然后“像鼹鼠一样，钻进了干草里面，”只露出脑袋，吸收一点新鲜空气，如此，他可以在明

① 劳登（Loudon），《博物学杂志》（*Mag. Nat. Hist.*），第一册，第 118 页。

亮的月光下自如地观察周遭的一切。躺在柔软、温暖和芬芳的床榻上，他很快就进入了梦乡，稍后，他在纷乱的思绪中醒来，仿佛有各种各样的小精灵和妖魔鬼怪正在他身边举行深夜舞会。

“不一会儿，我就坐了起来，”他说，“在我的干草沙发上，回想那个天马行空的梦境，回想所有狂欢的出席者，此时，一种欧夜莺发出的奇异而狂野的叮铃声吸引了我。那声音有时像轮子快速转动时的呼呼声，时有时无，并掺杂着一些呱呱的音节，有些声音有一种口技的效果；不时又传来一声尖利而奇异的鸣叫；接着，同样的声音又从另一边林地中传出；最后，整片地区都充满了夜鸟的狂叫。天光到来前，我看到那些欧夜莺们（至少有 4 至 6 只）在四处捕蛾，相互追逐，并不时卖弄一下急转弯和翻跟头的本领。我一动不动地坐着，脑袋稍微高出干草表面，我能清楚看到它们在飞舞。这些鸟不断抢食飞舞在干草堆上方的无数小飞蛾。追逐猎物时，它们似乎无所顾忌，经常在我身边飞过——你能在昏暗的光线下看到它们的朦胧身姿，仿佛在夜间的大海上看到的船只。有时，这些欧夜莺会突然出现在我近前，仿佛魔术一般，随即又振翅飞去，仿佛暗夜中的流星。

“它们穿行而过时，仿佛幽灵和猫头鹰一般，无声无息，让人感觉好像置身于施了魔法的土地上，周围被咒语笼罩，看着这些奇异的鸟儿荒诞不经的嬉戏，再加上普克和他的小矮人队伍以及仙女们，几乎就是一个圆满的《仲夏夜之梦》了，特别是此时，我那些天马行空的夜间想象尚未完全熄灭。这大自然的夜晚、这美丽的景象让我欣喜不已，我多么希望馆里的几位博物学家们也能在场，分享我体会到的喜悦。”①

---

①《动物学家》(*Zoologist*)，第 3650 页。

长期以来，一种名为绿鸟翼蝶（Ornithoptera Priamus）的美丽蝴蝶一直是欧洲的昆虫学橱柜中最珍贵的宝藏之一。林奈命名了此类蝴蝶，现代博物学家将之纳入了凤蝶科（Papilionidae）和Equites；林奈将它们划分为了希腊和特洛伊两类，为每一个单独物种用荷马史诗中的一个英雄的名字命名，如果颜色以黑色为主，就从特洛伊的名单中选一个名字，仿佛在哀叹一场败仗，如果以灰色为主，则从希腊的名单中选一个名字。我所说的这种以伊洛斯国王的名字命名，因为它是当时所知最优美的一种蝴蝶。它只出现在安波那小岛上；其优美的翅膀伸展开来，能达到整整8英寸，它有一身亮丽的色彩：最浓郁的祖母绿和天鹅绒般的黑色。

近期，相同的群岛上又发现了这同一种尊贵类属中的其他物种；但那位特洛伊君王依然独领风骚。不过，大约一年前，卓有成就的昆虫学家阿尔弗雷德·拉塞尔·华莱士（A R Wallace）先生——相比任何其他科学家，他与地球上鳞翅目昆虫最丰富的地区（巴西以及印度群岛）有更多亲身接触——通过信件宣布，他发现并捉到了一个更巨大的物种。在一次昆虫学的探索旅程中，他抵达了群岛东部的一座岛屿巴羌岛，他在那里亲眼见到一只巨大的新的鸟翼凤蝶（Omithoptera），虽然是雌性的，且逃过了捕捉，但给未来留下了希望。最终，华莱士先生成功捉到一只这样的蝴蝶，他描述了当时激动的心情；必须指出，这种心情并非源自一个业余爱好者，而是源自一位捕虫老手。

“我决定在那个时间离开此地，但两件事延误了我的行程：其一，我终于成功捉到体型巨大的新的鸟翼凤蝶。其二，我得到了一些正面消息，称这里有第二种蓝鹤，而且显然比我已经到手的更漂亮和有趣。这三个月里，我虽然只见到两三次，但最终还是捉到一只雄性的鸟翼凤蝶，你或许能想象我当时有多兴奋。当我将它从网中取出，展开其美丽的翅膀，我差点高兴得晕过去，这是我此生从未有过的体验；心脏怦怦直跳，大脑充血，导致当天剩下的时间一直头疼不已。那只昆虫超越我的期待，虽然被归于凤蝶科，但它非常新奇，非常别致，有一种最优美和最独特的色彩；一种火一般的金橙色，从侧面看去则会变成乳黄色和绿色。我想，它应该是鸟翼凤蝶中最精致的一种，也是全世界的蝴蝶中最精致的一种！除颜色外，它的花纹也与凤蝶科的所有种类大不相同。我捉到它后，马上派出我的一个跟班，每天出去搜寻，承诺每带回一个标本都给他一份赏赐，不论好坏；他每天辛苦工作，从清晨找到露水淋淋的夜晚，偶尔能带回一只；遗憾的是，其中好几只的状态都很差。我偶尔也能收获一只可爱的英雄凤蝶(Papilio Telemachus)。”①

目睹如亚马孙王莲（Victoria regia）一般庞大的水生植物，目睹这种南美洲玫瑰白色的睡莲漂浮在世界最大河流的水平如镜的支流上，会让任何一位热爱壮美大自然的人激动不已，朔姆布尔克（Schomburgk）如是说。正是他让我们了解了这种庞大的植物，并将其引介到欧洲的水族馆中。“那是 1837 年 1 月 1 日，我们沿着伯比斯河溯源而上，克服了大自然的重重阻碍，终于抵达河道变宽的地方，在那里，河流变成了一片平静的湖面。在湖的另一边，有一些东西吸引了我的注意力，我想不出它会是何物，于是催促船员们加快划桨的速度，不一会儿，终于靠近那个激起我兴趣的物体，看哪！一片植物的奇观！一切灾难都被抛在脑后；我是一名植物学家，这一路的艰辛都值了。”②

---

①《动物学家》(*Zoologist*)，第 6621 页。
②《植物学杂志》(*Bot. Mag.*)，1847 年。

布里奇斯（Bridges）先生在探索玻利维亚植物的旅程中，也谈到初见此类可爱的睡莲女王时的惊喜之情。“我在一座印第安城镇圣安娜停留时，”这位旅行家写道，“是1845年6月和7月，我每天都在周遭打猎，有一次，我非常幸运，当时我在亚库马河（马莫尔河的一条支流）林木茂密的河岸上骑行，突然看见了一座美丽的池塘，或者说一座小湖，它被森林围拢在内，令我惊喜不已的是，我第一次看见了水生植物的女王——亚马孙王莲！眼前至少有50朵莲花盛开。当我看到这幅美妙景象时，我的心情绝不亚于贝尔佐尼发现那些埃及宝物时的狂喜，毕竟没有几位英国人有过这样的荣幸。头昏脑热之下，我几乎想一头扎进湖中，去采几株那华美的花朵和叶子，但我的向导劝阻了我，据说这些水中有很多鳄鱼。”①

据说，他在非洲内陆的蒙戈公园（Mungo Park）旅行时，有一次发烧到筋疲力尽，再加上孤苦无依，举目无亲，他非常绝望，只能躺下等死。此时，他的眼中突然看到一种微小的苔藓，小凤尾藓（Dicranum bryoides），那是他在苏格兰的家乡很熟悉的品种。这一发现立刻带来神奇的效果；那只让这种小植物在如此酷热的气候下生长出来的神圣之手，给了他精心的照料与呵护；他在哭泣中露出笑容，他得到了安慰并将自己投入天国父亲的怀抱，我们大可推测，在以后的岁月里，每逢再见到这种苔藓，他势必会生动地回忆起当年的绝境，并涌起强烈的情感。

如果有人觉得，我提到的一些令人难忘的事情或对象微不足道，相比大量的其他事，根本不值得在这里浪费唇舌，但我要说，这些事之

---

① *Lend. Journ. of Botany*，第四卷，第571页。

所以令人难忘，并不在于它们的内在价值，而在于它们与观者思维的关联；这种关联无法招之即来挥之即去。为何一个人会强烈渴望见到某种蝴蝶，听到某种鸟叫，却对狮子大象毫无兴趣呢？为何一种蕨类植物能让一个人激情澎湃，一簇青苔会让另一个人心绪翻江倒海，而高耸入云的棕榈树却让他们无动于衷呢，这只能归因于构成每个人心灵的思维与情感各不相同。事实就是如此，每一位大自然的仰慕者，每一位胸有丘壑之人，都会承认这一点。他很清楚，那些记忆中刻骨铭心的部分，那些总会因某些场景而触发联想的情绪，它们本身绝不能说（至少未必）有多么重要，相反，在其他人看来，它们可能微不足道，甚至毫无美学的力量。

亨博尔特说过，“我们之所以渴望见到某些东西，并不完全取决于它们的宏大、美丽甚至重要。对每个人而言，这种渴望都交织着青年时期的愉快印象，交织着某个具体追求的早期嗜好，交织着旅行的倾向，或交织着对一个活跃的生命的爱。实现愿望的可能性越小，达成愿望时的快感就越强烈。当旅行家基于预期，首次看见十字架星座，看见环绕在南极上方的麦哲伦星云时；当他看到钦博拉索山上的积雪，看到从基多的火山上升起的烟柱；当他第一次看到一丛树状蕨类植物，或看到广阔的太平洋时，都会感到快乐。这些愿望达成的日子构成了生命中的里程碑，会留下不可磨灭的印象；这样的激动之情不必合乎情理。”①

①《自然视野》，第 417 页。

第八章

与世隔绝的

有些地区从未有人类涉足过，而当有人意外侵入这些世外之地时，那里的野生动物不会表现出任何恐惧。加拉帕戈斯群岛或许是全世界最奇怪的地方，当地的所有动物似乎都不怕人。考利（Cowley）曾在1684年记录到，那里的鸽子“如此驯良，经常落在我们的帽子或手臂上，可以直接活捉。”达尔文看见一个男孩坐在井边，手里拿着一根树枝，他会在鸽子和鸟雀来饮水时敲死它们。当时，他已经收获了一堆晚餐的食材，但他说他有点停不下来。这位博物学家本人说，曾有一只知更鸟落在他手里的一个陶罐边上，开始安静地饮水；枪完全是多余的，他只用枪口就将一只鹰隼从树上推了下来——实际上，这些岛上的所有鸟类都可以用树枝干掉，或用帽子抓到。

其他博物学家也提到福克兰群岛的许多鸟都非常驯良；它们虽然

警惕狐狸的攻击，但对人似乎毫无戒心。过去更是如此。波旁岛被发现时，除了火烈鸟和鹅外，其他鸟类都非常驯良，可以徒手捕捉。而大西洋上孤零零的特里斯坦－达库尼亚岛上，仅有两种陆地鸟类，一种画眉和一种鹀，都非常顺从，一张手网就能抓住它们。我也亲自见证过，在北美洲的林间空地里，一些巨大而美丽的蝴蝶会前来吮吸我手中的花朵。

考珀曾巧妙地用这种现象来凸显一座孤岛的与世隔绝，当他抵达胡安·费尔南德斯群岛的塞尔扣克岛时，曾如此抱怨：

平原上游荡的野兽
看见我显得无动于衷
它们对人类如此陌生
它们的温顺让我吃惊

但是这些事实只是普遍原则的地方性和局部性例外。绝不能因此而抛弃普世的原始法则，即上帝命令一切低等物种、甚至远比人类强壮的物种，都心怀着对人类的恐惧。“凡地上的走兽和空中的飞鸟，都必惊恐、惧怕你们；连地上一切的昆虫并海里一切的鱼，都交付你们的手”（《创世纪》9：2）。我经常见到、并大感惊奇的一点，每当鱼类看到一个人远远靠近，就会显出异常的警惕和猜忌。在牙买加时，我经常站在河道里的岩石上，看着小鱼群在我的脚边嬉戏，噬咬我的脚皮，它们显然不知道这个巨人正在观察它们的一举一动。但你只要伸手冲它们做出哪怕最微小的动作，它们就会像弓箭一样，四散逃去。也有太多时候，一些我渴望捕捉的精美蝴蝶经常用它们过分的谨慎把我耍得团团转。一天又一天，我总是在森林里的某个地点看到它们成群地飞舞，毫不介意被人看见，它们在空中嬉戏，然后一只一只地落在树叶上，一直停留在上面，它们美丽的翅膀在阳光下一开一合，相互摩擦，虽然我走来走去，它们却丝毫不为所动，尽管如此，它们却总能躲在捕虫网的势力范围之外！

这种判断危险的本领，以及由此产生从容的胆魄，绝不罕见。许多鸟类似乎对枪支的射程都有准确把握，因此，只要小心翼翼地待在射程以外，其他便无所顾忌，虽然最明显的做法似乎应该是尽量飞出视线和听力以外，但它们并不会这么做。它们有时甚至会卖弄自己的这个本领，用自己的聪明才智和人类斗争，并帮助同伴。我最近读到了一份记述，出自一位巴西的博物学家，他曾前往其中一座亚马孙岛屿捕猎篦鹭、鹳等大型水禽，那里的此类水禽为数众多。然而，一只卑鄙的小鹬让他的整个计划落空了，那只鸟赶在他下手以前，发出告密者的呼唤，而声音所到之处，所有鸟都飞走了。整整一天，这只鸟不断地履行着这项自行赋予的职责，为其他鸟类站岗，并有效阻止了这位狩猎者靠近他的猎物，同时，它自己也躲在他的枪支射程以外。

不过，也有一些动物会完全躲开人的踪迹，以确保安全；它们有种腼腆的戒备心，几乎不能忍受被看见，它们总是徘徊在最与世隔绝的地方。这样的性情为它们赋予了一种诗情画意。它们为自身挑选的孤寂之地本身就魅力十足，我们也很少能在它们的世外桃源亲睹它们的身影，这一点也恰恰提升看到它们时我们心中的满足感。

金色的苍鹰在一些触不可及的岩石顶峰筑巢，远离人类的踪迹和领地。它们在那样的地方筑起平台式的巢穴，进而在可怕的孤寂中养育下一代，连鸟兽的到来也无法破坏这一孤寂；它们会充满戒备地远离一切邻居。北美秃鹰会在大瀑布的悬崖上筑巢，以达到这一目的。刘易斯（Lewis）和克拉克（Clarke）曾描述过①，一对此类苍鹰选择了密苏里大瀑布中的一个风光如画的地点筑巢。在瀑布的下面，泡沫四溅的水池中有一座小岛，被大树很好地遮蔽起来。在那里，一对苍鹰在高大的三角叶杨树上筑巢，成为此地无可争议的君主，这一支配权无可挑战，不论人还是野兽，都不敢跨过周围汹涌的激流，常年因瀑布升腾的水雾更是增加了这具王座的威严。

野鸭，即绿头鸭，也是一种害羞的鸟类，为躲避人类的踪迹，它们藏身在一些孤零零湖泊的芦苇荡中，或河流的宽阔处。美洲的夏鸭（summer-duck）也有类似的习性，但更乐于待在林间。我经常会站在一条荫郁的河流旁边，两岸是一些高大的树木，树枝低垂，几乎触碰水面，只有河流中央留下了一道狭窄的天际线，在这种环境中，经常会见到一些生性腼腆的迷人的夏鸭。当西边的天空露出金色的火光，当光芒映在“昏暗、平静的河水”中央，在宁静的岸上洒下深邃的暗影，此时，无从分辨的暗影中会传来一声拍动翅膀的声音，一只小鸭子掠过水面，向中央划去，身后留下长长的V形涟漪，接着，它又飞到空中，快速拍打起翅膀，消失在了落日余晖中。

另一些时候，我们会在孤寂的高空寻获此类鸟儿的身影，它会在空无一物的天空中突然闯入我们的视野，然后又消失在同一片空白中。我们不知道它从哪儿来；要到哪儿去。布莱恩特（Bryant）的美丽诗句，虽然广为人知，仍不妨在此重复一下：

---

①《远征》（*Expedition*），第一卷，第264页。

致 水 鸟

在夕阳残照中间
冒着滴落着的露水
掠过玫瑰色的云端
你独自往哪里飞?

猎人休想伤害你
他觉察不到你飞行
你背负紫霭滑得急
形迹模糊难看清

你在寻找芦苇荡
抑或是宽阔的河畔
抑或是起伏的波浪
不断冲击着海岸?

有个神将你照管
教你认清自己的路
在海边、沙漠和空中
孤身漂泊不迷途

整日拍着双翼
不管天高空气稀冷
从未倦得它扑向大地

虽然暮色已昏朦

辛苦旅程将完毕

你将有新巢过夏天

将与伙伴齐声长啼

芦苇将被巢压弯

我已经望不见你

你已经消失在天边

可你给予我的教益

我久久铭记在心间

你在辽阔高空平安地翱翔的那神

在我漫长的旅程中也将给我以指引

（本诗译文来自网络，译注）

鸵鸟非常害羞，非常机警。作为沙漠地带的住民，它高大的身躯可驾驭广阔的天地，而飞快的速度则让追逐它成为最严酷的考验。“它扬起高高的头颅，对马匹和骑师不屑一顾。”美洲鸵是南美洲的鸵鸟代表，住在一片与非洲平原有许多共性的地区，习性也大体相似。它们非常机警，脚下生风，高卓牧人必须在四面八方围住它们，让它们不知往何处逃跑，如此，他们才能用套绳，即有重量的绳索，套住它们。达尔文先生说过，每当有人靠近，哪怕还在很远的地方，甚至还没看到它，鸵鸟已经非常警觉。

古代作家提到过一种栖息在欧洲森林里的牛，称原牛（urus）。据称，这种牛的性情非常野蛮，难以驯服，体型庞大，且力大无比，栖居在最狂野的深山老林里。人们普遍认为，这种牛的血脉保留在一些纯白色的半野牛身上，而且就栖居在我们岛屿北方的一两座广阔的森林公园里。观察人类的出现对此类动物的影响非常有趣。每当有人出现，它们就会全力跑开，而跑到两三百码开外，它们又会调转头来，重新壮起牛胆，朝人奔来，并且摇头晃脑，作威胁状。接着，它们又会突然停在四五十码外，凶狠地盯着让它们受惊的对象；不过，只要随便做一点动作，它们又会转过身去，再次以同样的速度飞奔，但不会跑出同样的距离。它们会围成一小圈，再次转身回奔，显得更勇猛更吓人，然后会在近得多的地方站住，大概 30 码以内，然后再次奔走。如此反复数次，不断缩短距离，不断挺近，直到距人不到 10 码。此时，多数人都会选择离开，而不要再刺激它们了，因为基本可以确定，再有两三个回合，它们就会展开攻击。

母牛和牛犊也继承了这一戒备和孤立的传统。生产时，母牛会前往幽静的丛林，并将牛犊小心隐藏起来，直到它能陪伴母亲为止，在此之前，母牛每天会去看望牛犊两三次。如果有人意外地靠近了那个藏身之所，牛犊会急忙趴下，寻找掩体，像野兔一样缩成一团。而受到惊扰后，仅仅两天大的牛犊也会绝佳地展现出其狂野的天性。当陌生人抚摸它的脑袋，它会立刻跳起身来，虽然很瘦弱，几乎站不直，但它会像老公牛一样蹬两三次腿，大声咆哮，接着后退几步，全力向前冲。然后它会继续蹬腿、咆哮、后退、向前冲，一如先前。不过，观察者此时已经知道它的意图了，于是往旁边一闪，它扑了个空，摔倒在地，它非常虚弱，一时还站不起来，但会一次次地尝试。至此，它做得已经足够了——牛群已经收到警报，前来救援，侵入者只好离开。

如今，立陶宛的森林里依然生存着几群另一种巨大的牛，它们曾席卷整个欧洲，包括英伦列岛——这就是欧洲野牛。比亚沃韦扎庞大的沼泽森林是它们的栖息地，据信，这里是欧洲仅剩的真正的原始森林，或者说纯天然的森林，而这种巨牛的习性也与这一原始领地的声望相得益彰。

几年前，俄国沙皇曾将两头半大的此类动物送给伦敦动物学协会（Zoological Society of London）；M·多尔马托夫（M. Dolmatoff）记下了捕捉它们的趣味十足的过程，并发表在了他们的学报上。下面，我们就从这篇文章中摘录几段话，来一窥这些动物与世隔绝的领地与习性。“那天天气好极了，天空非常宁静，无一丝微风，没有任何东西打扰平静的大自然，原始森林的高大穹顶无比庄严。300 名追踪者及 50 名猎人，无声无息地包围了野牛栖居的那片与世隔绝的山谷。我和 30 名猎人一起行动。他们是最果敢、最老到的猎人，曾深入印度，他们组成了一个圆圈，小心翼翼地前进，几乎不敢呼吸。来到山谷边缘后，一幅妙趣横生的画面映入我们的眼帘。野牛群正躺在山坡上，在绝对的安全下，悠然地反刍，牛犊在牛群旁嬉戏、打闹，扬起地上的灰尘，留下它们敏捷的足迹；一会儿，它们奔向各自的母亲，又蹭又舔，一会儿又回去嬉戏。但当第一声号角响起后，整幅画面瞬间变了色。牛群仿佛被一只魔法棒触碰，顿时竖起四足，将全部的功能都集中在了两种感官之上——视觉和听觉。小牛犊们胆怯地靠紧母亲。接着，森林中响彻起公牛的怒吼声，每当出现此类情形，野牛群就开始等待命令，将牛犊聚在前方，守护它们不受猎狗的伤害。当牛群抵达追踪者和狩猎者组成的前线后，迎接它们的是响亮的叫喊和枪林弹雨。战斗的命令立刻变了——老公牛们凶猛地冲向侧方，冲破了狩猎者的包围圈，继续勇往直前，跳跃着，冲撞着，轻蔑着它们的敌人，此时，他们正密集地匍匐在大树后面。不过，狩猎者还是想办法从牛群中隔离出了两头牛犊；其中一头三个月大，轻易被捕获；另一头15个月大，将八名围捕者统统撞倒，挣脱出去。”它最终还是在森林的另一边被擒住了，同时落网的还有另外5头，其中一头才出生几天。这些年幼的森林野兽展现出的对人类的不耐烦和愤怒与它们的年龄和性别成正比。那头15个月的公牛维持了很长时间的愠怒；每当有人靠近，它就会变得怒不可遏，摇头晃脑，抽打尾巴，送上牛角。过了一段时间后，他开始变得能忍受其饲养者了，并因此获得一定的自由[①]。

所有的鹿都相当害羞和戒备，但其中有一种优良品种，北美洲的驼鹿，尤其疑心重重。印第安人称驼鹿比所有其他动物都更谨慎，更难捕捉；它们比驯鹿或野牛更警觉，更灵敏；奔跑起来比马鹿更迅疾，比梅花鹿更精明，更谨慎。印第安人断言，即便在最狂乱的风暴中，当风声、雷声、树的咆哮声、木材倒掉发出的碎裂声，全都混为一谈，在耳朵里塞满无休止的轰鸣，此时，如果有一个人，不论用脚还是用手，折断了森林中一根哪怕最细的干树枝，驼鹿也能马上察觉。它或许不会马上逃走，但会停止进食，竖起耳朵聆听。如果之后一个小时左右的时间里，那个人一动不动，而且不发出任何微小的噪声，这头驼鹿才会继续进食。但它不会忘掉是什么吸引了它的注意力，它会在接下来的数小时内愈发警惕。因此，印第安猎人要想成功追踪一头驼鹿，需要无比的耐心。

印第安人相信，当此类动物在用尽所有其他逃脱的手段后，有能力在水下隐藏很长时间。这可能有些夸张，大概是因为它们曾展现出各

① *Proc. Zool. Soc.*，1848年，第16页。

种神奇的自我保护手段，也因此，印第安人相信驼鹿比狐狸或任何其他动物都更高明。他们讲过一个有趣的故事，即便这个故事没有任何实际价值，它还是体现了这种野兽在森林之子眼中的声望。如果说这个故事有任何真实性可言的话，我们只能认为，它们有本事每隔一段时间就让鼻孔浮出水面；至于它们这么做的时候是如何逃过猎人眼睛的，则是一个奇迹。我们不要忘了，它们面对的可是红印第安人，而非白人。

两位可靠的印第安人在漫长的打猎行程后回到家里，他们称他们将一头驼鹿追到了一座小池塘边上，眼看着它走进池塘，不见了踪影，于是，两人挑选一处能观察池塘全景的地点，一边抽烟，一边等待，直到夜里。整个过程中，水面没有一丝动静，没有任何能暴露出驼鹿藏身位置的指示。

最后，他们失去了耐心，放弃抓住它的一切希望，踏上了归途。不一会儿，来了一个单枪匹马的猎人，扛着肉，他讲到，他跟踪了一头驼鹿的踪迹，一直跟到前面所提到的那座池塘边上；他也在那里发现了这两个人的踪迹，与那头驼鹿留下的踪迹出自同一时间，他想他们一定已经杀死了它。但他还是小心翼翼地走到池塘边上，找个地方坐下休息。不一会儿，他看到那头驼鹿慢慢从池塘中央浮现了出来，那里的水并不深，它向他所在的岸边涉水走去，当距离足够近时，他射杀了水中的驼鹿。

冬天捕猎驼鹿，也能体现它与世隔绝的习性。印第安人会通过所谓的“冰裂”（crusting）猎杀很多普通的鹿。冰裂的意思是，下过一夜的雨后，隔日开始结霜，积雪的地面上会形成一个冰层，猎人会在这种情况下追捕它们。这些冰层能轻易撑住脚蹬木鞋或雪地靴的人的重量，但一旦驼鹿或其他鹿的蹄子踏上去，马上就会开裂；陷入如此窘境的动物很快就会被扑杀。

而驼鹿，虽然偶尔也会因“冰裂”被捉到，但它们似乎很清楚这个危险，并会未雨绸缪。

每当暴风雪降临，这种精明的动物会开始给自己建一座所谓的“驼鹿庭院”，那是一片很大的区域，它会勤勤恳恳地将落雪踏实，这样，它就有走动的空间，可以抬头啃食树枝，而不必到处游荡，在积雪中挣扎，进而遭受狼群的威胁，狼由于体重较轻，会在冰裂期享受一场猎鹿的嘉年华。但没有狼胆敢踏入驼鹿庭院。它会在雪墙外徘徊，它发出的低吼声可能会引来两三位同伴，它们会试着将驼鹿吓出它的有利位置，但绝不敢亲自走下来。

印第安人偶尔会发现一座驼鹿庭院，这种时候，他就有了很大的优势，因为驼鹿无以抵抗，无处可逃，和牛栏里的母牛没什么两样。但当它可以自由行动，而没有任何劣势的时候，驼鹿是猎人最荣耀的猎物之一，至少在食草类物种中无可匹敌。其习性基本是与世隔绝的。它不会像麋鹿一样，成群结队地出行，而纵是独行，一派威严地巡视其郁郁葱葱的领地。每当有猎人侵入时，它也不会像其他同类物种一样仓皇逃窜，而是会小跑着走开，虽然速度不亚于最迅疾的马匹，但步态非常轻松，显得漫不经心，毫不费力。不过，虽然在被追逐时表现得很自如，但当它受伤或被逼上绝境时，却会化身为最可怕的野兽；西北部有些印第安部落，如果有人在万幸中杀死了一头雄性驼鹿，部落会大肆庆祝，高唱起凯旋的歌谣，仿佛打了一场胜仗[①]。

谁没有读到过阿尔卑斯和蒂罗尔的岩羚羊？谁不知道它们用毫不松懈的敏捷守护着难以接近的堡垒？每当夏天温暖了山中的空气，它会锁定最

① 霍夫曼（Hoffmann），《森林与草原》（*Forest and Prairie*），第一卷，第 92 页。

高的山脊，不断攀登更高的山头，迈着坚实无畏的脚步，踏在逼仄的岩石之上，上下都是悬崖绝壁，它会轻盈地跨过万丈深渊，登上艰险陡峭的山峰，在闪耀的天空下屹立，如同哨兵。它极其谨慎多疑，所有感官仿佛都被赋予了无比的敏锐，当勇猛的猎人距其还有半里格[①]之遥时，它已经有所察觉。而发现危险后，它会在岩架上跳来跳去，寻找有利位置，看清每一个方向，同时发出不耐烦的嘶鸣。最终，它扫视到下方逼近的敌人，他们的气息被微风带了上来。此时，它会飞登上最可怕的悬崖，跨过裂缝，带着非凡的能量，从一块崖壁跳上另一块崖壁。甚至一座30英尺深的直上直下的岩壁也无法阻挡它的去路：它带着天大的胆量，纵身一跃，下落时不断踏在岩石表面上，一方面作为缓冲，一方面更准确地调整方向。一切危险都要让位于人类逼近带来的危险，一切功能都被调动起来，只为了对自由的不屈不挠的爱。正因为此，岩羚羊是瑞士人的挚爱：是这个国家的理想型；它无可征服的自由精神正是对瑞士人心态的反映。

这种有趣的羚羊特质，以及它们所栖居的山川，非常怡人地表现在我最近读到的一首小诗中，诗的作者是克鲁德森女士（Miss Crewdson），在此，我要毫不客气地全篇引述一下：

小岩羚羊[②]

在明媚的阿尔卑斯山谷

韦特霍恩雪峰下

---

① 里格（League）是一种长度名称，是陆地及海洋的古老的测量单位。在海洋中，1里格=3海里（1.852 km），相当于5.556 km；在陆地，1里格=3英里（609.344 m）即4.827 km。

② 在瑞士的德语区及整个蒂罗尔地区，岩羚羊都被称为“Gemze”，另一个名字“Chamois”只在法语区通行。

有一个少女，在木屋旁
与一只小岩羚羊玩耍
它竖起耳朵听她说话
柔和的眼睛里闪烁着骄傲
她告诉它，它比周围的
整个世界还要珍贵！
比驯服的小羔羊
比蹦蹦跳跳的孩子
比那些被她呼来呼去的
门楣上的鸽子都更珍贵
比春天的雪原上钻出的
第一朵百合花珍贵
比威廉·泰尔心中的小威利还珍贵
在汩汩流动的冰川溪边
在巨大的韦特霍恩山上
在茫茫雪原之间
小岩羚羊降生了；
而它的母亲，虽是羊群中
最温柔、最和顺的
但也是最矫健和最狂野的
轻盈如同一只小鸟
但是凝视者正观望着她
在黎明的寂静中翻山越岭
为柔弱的小羚羊

寻找藏身之所
他锁定了她，而她全无戒备
(很快，她的末日到了)
他打中了她，她死了，血流不止
染红了身下的阿尔卑斯家园
岩羚羊孤儿跟在后面
发出悲痛的咩咩声呼唤着她
翻过山丘，穿过谷地
颤抖的四足亦步亦趋

看，一只小巧温柔的手
拉起了木屋的门闩
那张脸孔上
露出了清澈和蔼的笑容
伯莎是瑞士人的女儿
她自己也是一个孤儿
但她的悲痛只给了她
温柔、善良、和顺的性情
当她将这个颤抖着的陌生生灵
拥入温暖而真实的怀中时
她忠诚的蓝色眼睛里
荡漾着一滴晶莹的泪水
“我会做你的母亲，亲爱的，”
她对着小羊低语道

"你咩咩叫，我会答应
我会抚慰你的一切哀伤。"
这只踉跄的小岩羚羊，悄悄
转向了她，似乎听懂了她的话
凝视着她的脸，跪下
把鼻子伸进她的手里！

这瑞士女孩每天分给它
自己的牛奶和面包
每晚，小羊躺在
她床边的青苔和石楠上入睡
绑在它脖子上的丝带
如山上的蔓长春花一般蔚蓝
上面系着一个小铃铛
总是发出响亮的叮当声
当晨光涌来
韦特霍恩山冰冷苍白
或者当夜幕熄灭了
山谷里的一切声息
当那个少女带着
孩子和羊羔
登上长满百里香的山坡
或从山坡上返回时
你会听到她

对着她欢乐的小羊歌唱

春天来了，小伯莎
和陪伴着她的岩羚羊
在山上越走越远
远离了狭窄的通路
每一步都铺满了鲜花
这边，明亮的丁香花熠熠生辉
那边，一丛丛的卷丹高高耸立，
岩蔷薇在风中摇曳
高贵的苍鹰
从头顶的鹰巢窜出
咆哮的洪流
疯狂地滚过崎岖的河床
哈！从哪里传来了遥远的咩声
像口哨般清晰响亮！
岩羚羊！啊，心在跳动
伴随骤然的狂喜！
那是你兄弟们的声音，它们正在
闪闪发光的冰原之上
在白雪皑皑的山峰上
在陡峭的崖壁间奔跑

伯莎笑着看它侧耳聆听

(弯着脖子，晃着耳朵

胸口一起一伏，眼中闪闪发光)

那叫声狂野而清亮

她还不知道

这叫声斩断了挡在它与深山之间的一切束缚

她温柔的束缚已经碎裂

而曾经驯服的——再次野化!

下一声狂野的咩叫

得到了它响亮刺耳的回应

如同脱缰的野马

它转眼飞上了山坡

“小羊!小羊!回来，我的心肝!”

回声微弱，从越来越高的地方传来

回来，我亲爱的!

擦干你的眼泪，亲爱的伯莎!

你再也不会见到它了

但是当星辰在清晨黯淡下来

你或许能听到它的铃声

在韦特霍恩的雪原响起

你为这个无助的生灵

付出的善良，已经证明

这只小岩羚羊

自会得到上天的护佑!

美洲热带地区的许多小池塘都展现出与世隔绝的生命场景，正如我在牙买加所见的以及在临近热带的北方大陆中见到的。当你走进幽暗的丛林，连续走上几英里，突然在万籁俱寂中，你见到一束强光，一片绿色的开阔平面映入眼帘，从四处的迹象判断，你知道那是一片水面，水面上还覆盖着一层植物。水面四周耸立着密集的大树，仿佛因不寻常的空间和光芒而欢欣鼓舞，它们长长的枝杈一直伸到了水面上方，一些枝丫直接插入水中。长长的寄生植物低垂着轻触水面，每当大风摇撼大树，它们会一下下地抽打水面上的浮萍。偶尔会有一两棵树在风暴中折断，坠入池塘，伸开它们半腐烂的树干，在懒洋洋的水面上留下巨大的突出物，或构成栈桥，从岸边延伸至湖水中央，或构成不牢固的桥梁，衔接起不同的区域。

如果我们在清晨时分，趁着星光，走向这样一座森林中的池塘，静悄悄地、小心翼翼地走到它的边缘，赶在日光艰难地抵达这片小天地之前，在一丛茂盛的灌木从后面躲好，我们会发现，这小天地里充满各种各样的生命。一声响亮的叮铃声传来，仿佛孩子们的喇叭声，很快，池塘对面也发出了回应。接着传来翅膀的鼓动声，以及响亮的溅水声。然后是更多的叮铃声，和更多的溅水声；等光线渐渐明亮起来，我们发现水面上有十几只或几十只袖珍的黑色物体，静静停着，或匆匆来去。它们看上去像最小的鸭子，但乌黑一团；有些停在伸出的岩石尖端；从它们昂头的样子看，我们能马上辨认出它们正是鸊鷉。

此时天色已经够亮，能看清眼前的景象，那些多疑的鸟儿并未察觉到我们的存在。那边，一棵半陷于水中的树的枝杈上，有一大块黑色的东西，一只小鸟停在上面；一定是鸟巢。我们必须去一探究竟。

但是，别动！那边有个蛇一样的东西安静地挂在高悬的大树枝上，那是什么？真是一条黑色的蛇在树上休息吗，它水平的身躯上扬起高高的脖子，它动了，是一只鸟！其轻盈纤细的脖颈在来回摆动，我们看到了它的鸟头和喙子，它蹲在树枝旁边，开始洋洋自得地梳理身上的黑色翎羽。看哪，它突然一惊！脖子完全拉长，脑袋抬起，显出专注的神情，随即，全身仍恢复一动不动的样子。我们焦急地想看清它的模样，不小心触碰了身边的叶子，这声音让它警觉了——它听见了！此刻在认真观察。哎呀，它飞走了！像块石头一样，直直扎进了下方的水塘中，但又不像石头，它没有溅出任何水花，我们惊呆了，如此大的身躯从如此高的地方扎进水中，居然没在水面上掀起任何明显的涟漪。

那些小小的鸊鷉也收到了警告；统统消失了，只剩下那位忠实的母亲立在巢穴上。她还在迟疑不去，而我们已经离开掩体，不再躲藏；很快，她也跳入绿色的水池中，不见了踪影；四周一片寂静，我们仿佛在凝视一座坟墓。

在那些幽静的乡村地带，有一种并不少见的小动物，几乎是所有四足动物中体型最小的，即水鼩，其造型优美、习性喜人，但很少被人见到，因为它们非常胆小谨慎。不过，如果你格外小心，偶尔还是能发现它们的踪影，乃至观察（要足够警惕）到它们嬉戏的场面。多瓦斯顿（Dovaston）先生描绘了下面这幅水鼩自由生存的画面，它并不知道有人在观察自己："在遥远的 1825 年 4 月，一个怡人的傍晚，太阳还没落山，我在果园里漫步，在池塘边上看着澄澈的池水，寻找总会在那时现身的昆虫，突然，我看到一个动物快速蹿过，随即消失不见，当时我以为是某种巨大的甲虫。我在草地上躺下，小心翼翼，一动不动，很快，我发现那个动物居然是一只老鼠，让我既兴奋又惊奇。我总是看到它在池岸的水面下滑动，将自己隐藏在水底的落叶下方；那些是秋天落下的树叶，在淤泥上面堆了厚厚一层。很快它又回来了，钻进堤岸，将细长的鼻子伸出水面，划着水向边缘游去。它频繁地重复这些动作，从一个地点到另一个地点，很少远离岸边超过两码的距离，而且总会在半分钟左右回来。我猜它是在垃圾和落叶中寻觅到了什么昆虫或食物，然后浮上来吃掉它。有时，它会在水面上游一会儿，有时又胆怯地匆匆回到岸上，带着十二分的小心，但随即又扎入水中。"

"在那个美好的一年，在那个甜蜜的春天里，我经常去拜访这位新朋友。在水下时，它看上去是灰色的，皮毛上布满了珍珠般的微小气泡，在周身闪闪发光。但实际上，它的颜色是一种深褐色。"……

在描述了此类生物的一些具体特征后，多瓦斯顿又写道："我能写出这些细致的描述，是因为有一天，我用渔网把它抓起来，放在白色水盆里，仔细观察它。这个可怜的小动物在水盆里显得非常不安，很快，我们就高高兴兴地还了它自由之身，同时将它还给了它的爱人——它有一位伴侣，从后者较浅的颜色和更修长的身材来看，我们不怀疑它就是它的配偶，我们都很担心，希望别因为我们的打扰，让它们感到了冒犯。"

"它游得很快，尽管总是蹿来蹿去，但还是能清楚地看见它敏捷的扭动。它从不会在日落前现身。在那段观察时期，我每个晚上都能见到它。大约在太阳落下时，在安静的夜晚，很容易在波浪形的半圆形的岸边发现它们，它们会迅速地从池塘的堤岸下潜，在边缘处戏水。我相信，它应该就是一种据说早已从英格兰消失的动物——水鼩［彭南特的水鼩鼱（Sorex fodiens）］……"

"我已经说了，它只在夜间现身，生性如此。有一天，在明亮的中午，微风习习，我斜靠在一棵树上，看着无数条神光般的光线在林间划过，此时，我意识到，那个小伙伴正在水面的光线中敏捷地穿梭着。我欣喜若狂，跳了起来，它随即躲进长满灯芯草的岸边……我应该提一下，在每一个宁静的夜晚，当我将耳朵贴在地上，仿佛能听到它发出的一种短促、尖利而轻柔的唑唑声，与云雀在柔和明亮的夏夜发出的声音相仿，但没那么嘹亮，也没那么持久。虽然我曾在那里和其他地方小心地观察过它，并获得无穷的欢乐，但从 5 月末以后，我就再也没看见过它。”①

---

①《博物学杂志》(*Mag. Nat. Hist*)，第二卷，第 219 页。

第九章

狂野的

读者是否目睹过猎捕鲨鱼的场面？如果他曾跨过那条线，甚至知道在“平静的纬度”（那片可以说将普通微风与信风隔开的边界之海）度过一两个星期是什么感觉，那么，他对于热带海洋的这种修长柔韧的动物的紧随不舍一定并不陌生。杰克亲切地称其为“海洋律师”——绝非在恭维那个博学的职业，而是掺杂着仇恨与恐惧——这正是不谙世事的陆上居民对于其陆地代表的观感。下一根鱼钩钓取鲭鱼和鲣鱼，一向是水手们喜欢的工作，但相比全心全意地猎捕鲨鱼，前面那些就显得没劲。在接近北回归线的地方，“天起凉风，船扬风帆”。

这并非“凄凉至极”；整个过程充满欢闹与警觉。一个人前往存放食品的大木桶，取出一大块腌猪肉，另一个人跪在地上，从储物柜中翻找一只一向存放在这里的大钩子；第三个人拉出辅助帆的扬帆绳做钓丝，因为强大的对手需要粗壮的器材；第四个人站在艉栏杆旁，看着那条怪兽时隐时现，透过蓝色的海水看去是一具浅绿色的躯体，最后，它的白色几乎触及海面，船员终于看到了这个恶棍的全身，随即发出粗鲁的咒骂，称其末日将临。大副在第二斜桅旁挥舞鱼叉，过去的半个小时，他一直在用锉刀打磨他的三叉戟，准备好对付任何不愿咬住船尾诱饵的邪恶物种。此时，船长本人出场了，尽管他为人正派，此时也禁不住要用他强壮的双手，亲手装上美味的猪肉诱饵，然后放下鱼钩。

它在船尾的水浪中翻滚扭动，船员们兵分两路，一路在船尾见证船长的成就，一路在锚架处见证大副挥舞鱼叉。两条较小的领航鱼身着蓝棕色的条纹制服，分别游在鲨鱼头部的两侧：他们匆忙游向鱼饵，闻了闻，咬了一小口，又匆忙游回到庞大的保护者身边，向其通风报信，称有一顿美味在等着它。看它多兴奋啊！尾巴一摆，向前游去，掀起巨大的侧浪，转眼就到了猪肉前面。“看哪！准备好给钓绳打个结，它就要咬了，它一定会用力拖船！”每个人都睁大了眼睛和张大了嘴巴；那头怪兽正转过身来，准备先吃一小口。但是糟糕，它闻到了铁锈的味道，或许看到了线缆，不管怎样，它只是闻了闻，然后调头离开了船尾。但过了一分钟，它又游了回来，上前闻了又闻——诱惑十足，却危机四伏。

船头传来一声大叫！大副刺中一条！大家急忙冲去观战；船长本人也拖起绳索，加入吼叫的人群。没错；鱼叉狠狠叉在了那条鱼的背部。一头巨兽！身长足足 15 英尺，在不停地翻滚扭动，被痛苦和束缚激怒了，周身掀起滚滚的白色泡沫，几乎完全掩藏它的躯体！粗大的绳索被拉紧，发出吱吱嘎嘎的声音，但没有松动；十几只有力的手用力拖拽，终于，这位不情愿的受害者浮在了船首旁的海面上，但依然在强力挣扎。

此刻，一个聪明人冲到了前索条处，打了个套索。他费了很大劲，想将套索从鲨鱼的尾巴处套进去，但总是失败；最终，绳索滑了进去，并被瞬间拉紧，猎物总算保住了。

“拉着绳索穿过船台，跑一圈！”鲨鱼已经完全浮出水面，尾巴在最外面，冲向海面。有那么一会儿，这头笨拙的巨兽就挂在船外，扭曲、纠缠，咬牙切齿。最终，五六只船锚将这条巨兽翻在了宽敞的甲板上。站开！让它咬住你的腿，皮肉筋骨就不保了！

哪怕船上最壮的人也会被那条凶蛮的尾巴瞬间拖倒。它用巨大的弹力抽打着光滑的甲板！

看着它会让人不寒而栗。它的头很长很方正，嘴部上方悬着一只巨大的鼻子，面目极其狰狞；还有它的牙，成排密实的獠牙，如柳叶刀般锋利，却严丝合缝地嵌在牙槽中，仿佛锯子，一排又一排，一排又一排，足足有六排！最外面的一排高高矗立，坚硬无比，仿佛这生物正盯着你看！这可怕的器械吓得你直往后退，你不会再怀疑，哪怕最强壮的人类肢体，也会被这套外科手术般的设备瞬间击溃。再看那双眼睛！那可怕的眼睛！正是这双眼成就了鲨鱼的面容——魔鬼撒旦的终极体现。那双小小的绿色眼睛一半隐藏在额骨后面，闪烁着特别的恨意，聚焦着一种恶魔般的残忍，一种冷静、沉着的恶意，我一生中再未目睹过任何相似的面目。我虽然见过许多鲨鱼，但每次看到它们的眼睛，身上总会浮起鸡皮疙瘩，浑身的骨骼都会战栗。

想象一下，这几个孤苦伶仃的海员，在距离陆地 1 000 英里之遥的广阔的南方海洋上，置身于一艘开放的轮船里，到了深夜，这些庞大的怪兽就在船边咬牙切齿地与他们相伴而行，这是何等恐怖的画面！它们劈开散发磷光的海洋，身躯上覆盖着精灵般的光芒，在身后留下一道浅蓝色的痕迹。对于困在船上的可怜海员而言，没有什么比这些不速之客更可怕的了。它们无声无息，如幽灵般悄悄尾随：有时消失几分钟，不一会儿又再次现身。在整个恐怖的夜晚，它们不眠不休，为脆弱的心脏塞满了死亡的预兆。

它们到底在干什么？啊！它们有一种准确无误的直觉，即眼前的这种物体常常会带来它们心心念念的肉。它们静静等待着那些疲劳、辛苦、恐惧和贫乏的人类马上会为他们献上的尸体。它们坚信，等晨光降下，轮船上会阴沉地抛下夜里的死尸，而它们早已为此准备好了一座活的坟墓。

下面这幅生动的画面虽然出自一本小说，但明显建立在真实事件的基础之上，因此请原谅我引述这段话，而且我也有幸亲自验证了这位作者对大洋的描述，看出其不寻常的真实色彩：

“抛弃轮船的那晚，我们见证了一个非凡的景象，至今记忆犹新。当时，我们在船底睡觉，萨摩亚突然叫醒了亚尔和我。我们惊坐起来，看到外面的海洋变成了苍白色，且闪烁着微小的金色光点。水面的色泽在轮船上打下了一种惨白的色调，我们眼中的彼此仿佛鬼魂一般。海面下方，鲨鱼留下一些鲜活的绿色痕迹，往来阡陌。更远处，一种绚烂的圆形小鱼成群地浮在海上，仿佛天上的星座，不计其数的美杜莎，此种鱼只见于南太平洋和印度洋上。”

“忽然间，我们眼前有许多浓密的光点射向空中，耳边响起清楚无疑的抹香鲸深呼吸的声音。很快，我们周围的海面上就充满了火的喷泉；那些巨大的身躯从腹部喷射出一团团的光芒，并时不时将头伸出水面，抖落那些光点。我们看到一大群抹香鲸从水底浮起，在磷光闪闪的巨浪中嬉戏。”

“它们喷出的水汽比整片大海更加明亮；大概因为它们同时喷射出大量的荧光液体，这种绚丽的色彩与鲸鱼的喷射渠道形成了鲜明的反差。”

“我们内心充满巨大的惊恐，这些海洋巨兽虽然没有恶意，但只要它们触碰到我们的船只，就会让我们毁于一旦。如果可以选择，我们一定会避开它们，但周围到处都是它们的身影。不过，我们还是安全的；因为我们在惨白的海面上划出了一道缝隙，而轮船龙骨上射出的光芒似乎令它们却步。突然间，它们似乎发现了我们，大量的鲸鱼扎入水中，将火一般的尾巴高高摆起，汹涌地向海底潜去，留下了一片更加耀眼夺目的水面。”

“它们前进的方向似乎和我们大体一致，一路向西。为摆脱它们，我们终于撑起桨，向北划去。但我们身后始终跟着一条特立独行的鲸鱼，它一定将我们的船当成了某种鱼类。尽管我们拼尽全力，它还是离我们越来越近，最终，它不断用凶猛的侧腹触碰我们的船舷，在船体上留下了光滑的透明物质，如蛛丝般轻薄，那是包裹在抹香鲸体外的物质。”

“看着如此新奇的景象，萨摩亚（Samoa）吓得畏畏缩缩。亚尔（Jarl）和我已经比较习惯鲸鱼的亲密陪伴，我们用手中的桨将鲸鱼推开；这也是我们在渔场常做的事。”

“让我非常高兴的是，这条巨兽终于还离开了，返回远方的鲸群。它们喷射的光柱仍遥遥在望，仿佛断断续续的极光。”

“海面上的耀眼亮光一直持续三个小时到大约一个半小时，光芒才开始黯淡下来。最终，除了偶尔因水下快速游过的鱼而闪现的昏暗光亮外，整个现象终于画下了句号。”

“此前，我已经见到过好几次海面上的磷光盛宴，包括在大西洋和太平洋；但没有哪次能媲美那晚的景象。在大西洋上，很少有任何海面是发光的，只有浪尖上会出现一点光亮，而且只会出现在潮湿阴沉的天气中。而在太平洋上，我见证过各种各样的磷光，一块块的绿光，与发青的海面格格不入。还有两次是在秘鲁海岸上，我躺在吊床上，突然听到喊叫声，‘所有人控制好船！’我马上冲上甲板，海面如裹尸布一般，白茫茫一片；因此，我们都担心轮船开进锤测区（soundings）。”[①]

神秘现象是博物学罗曼史的一个重要组成部分。我们所处的实事求是的时代已经将此类现象斥为荒谬之事，而产生此类印象的人也承认它们是虚假的，尽管仍然会为之动容。想象力丰富的希腊人认为每一道狂野的峡谷，每一道寂寞的海岸，每一座鲜为人知的山洞，每一片威严的森林中，都充满神灵，只是很少被人耳闻或目睹。由此来看，此类经验与所有人同在，尤其是在更适宜诗意生存的半开化时期：各种各样的精灵与仙女，南瓜灯、鬼火、小妖怪、报丧的女妖，它们是否都只是一些自然现象？或只是被人类模糊地感知到，而赋予了诗情画意，假想成了超凡脱俗、却通人性的物种？明媚的白天，一切物体都清晰分明，远不及夜晚更适于此类印象。不仅是因为在夜里，人们的心态会变得更神圣，同时也因为，黯淡的光线会让物体变得朦胧不清，让熟悉的事物呈现奇妙的外形，声音也会显得更清晰分明。这往往是很不寻常的特点，原本就很朦胧，而且无法通过视觉纠正。

在加拿大南部和新英格兰各州，我经常在春天听到一种神秘的声音，至今仍不知晓那声音的主人。每当夜幕降临后不久，最幽暗的森林

① 梅尔维尔（Melville），《马尔迪》（*Mardi*），第一卷，第 187 页。

沼泽中会传来一种金属般的声音，那里生长着异常浓密的云杉和铁杉，被当地人称为“黑树林”(black growth)。那声音清晰而规律，很像整齐的牛铃声，或轻柔地敲打金属片的声音，或用锉刀敲打锯片的声音。断断续续，会持续一整夜。人们认为这是阿加底亚枭（whetsaw）的蹄声；但没人声称见过它，因此只是猜测，虽然可能性很大。这种持续不断、千篇一律的声音对我有一种奇怪的吸引力，当然部分归因于与之相伴的神秘感。那个声音每晚都出现在同一地点，即黑树林最幽暗的深处。我有时会前去观察，在日落前走进树林，等待夜幕降临；但奇怪的是，它拒绝在这样的条件下演出。这种羞怯的隐世之鸟，如果是鸟的话，无疑很清楚有人入侵，因而会保持警惕。有一次，我在一个特别荒凉的地方听到它的鸣叫。当时已是午夜时分，我骑马来到一段异常孤寂的马路上，两旁耸立着黑暗的森林。四周万籁俱寂，规律的马蹄声落在冰冻的路面，让人在压抑的寂静中感到些许慰藉。忽然间，森林深处传来了阿加底亚枭清晰的金属般的声音。这声音完全出乎意料，非常响亮，虽然当时天寒地冻，我还是停顿了一会儿，侧耳谛听。在那个黑暗寂静的时刻，这一有规律的声音，同样从幽暗的地点传来，让我感到一种威严和神秘感，同时伴随着些许喜悦。

毫无疑问，在这些例子里，吸引人的主要就是神秘感。在牙买加，我经常能听到一种抱怨般的叫声，“kep、kep、kep”，每当夜幕降临，有一种生物会在空中绕着大圈飞，同时发出这种声音，但完全看不见它们的身影。时不时会穿插一两声魔鬼般的尖叫，随即又恢复平常的叫声。我对此充满了兴趣，后来，我断定这种声音来自一种白猫头鹰，并且捉到一只，而从此之后，那声音就不再能激起我心中的罗曼蒂克感情了。

在这个国家的有些地区，每当在寂静的夜晚听到从荒凉的沼泽里传来的麻鸦空洞而洪亮的叫声，农民们就会感到一种迷信式的恐惧。他们认为，这种声音源于某种超自然的有庞大身躯和力量的生物，它栖居在沼泽底部，他们称之为 Bull-o'-the-bog。那声音相当可怕，产生这样的误会并不奇怪。

美国南部阴森的柏树沼泽中栖居着一种与我们的麻鸦关系很近的鸟，这种鸟的叫声虽然没有那种欧洲鸟类响亮，但在它们栖居的荒野中听到那叫声依然令人心惊。即便在白天，也没有什么比此类沼泽的深处更阴森的了，地表是不冷不热的、停滞不动的水泊，上面生长着浓密的树林，高 100 英尺，幽暗的、不透明的枝叶几乎遮蔽了整片天空，横向展开的枝杈上生长着成团的西班牙苔藓①，一派荒凉与凄惨。这些树让人想起骷髅兵团，那些来自遥远时代的巨人依然耸立在它们曾经生长的地方，仍穿着往昔的破衣烂衫。而入夜后，这些森林的阴森程度又会翻上十倍，想象力会在这漆黑与寂静中装满各种各样的恐惧，睁大的眼睛拼命想刺穿黑暗，却徒劳无功；时不时林中会传出一声忧郁的"quah"！粗野而空洞，猝然划破寂静，令人不寒而栗，仿佛听到了统领此地的魔鬼的声音。或许正因为此，受到启发的先知们才会利用麻鸦来描绘恐怖的荒野地带②。

比如圣经中对以东（Idumea）的谴责③：

"以东的河水要变为石油，尘埃要变为硫黄，土地成为燃烧的石油。"

"昼夜总不熄灭；烟气永远上腾：必世世代代成为荒废；永永远远无人经过。"

---

① Tillandsia usneoides。

② 《以赛亚书》14：23、34：11；《西番雅书》2：14。

③ 《以赛亚书》34：9。

“鹈鹕[1]、箭猪却要得为业；猫头鹰、乌鸦要住在其间：耶和华必将空虚的准绳、混沌的线铊拉在其上。”

“以东人要召贵胄来治国，那里却无一个。首领也都归于无有。”

“以东的宫殿要长荆棘，保障要长蒺藜和刺草：要作为野狗的住处，鸵鸟的居所。”

“旷野的走兽要和豺狼相遇。野山羊要与伴偶对叫。夜间的怪物必在那里栖身，自找安歇之处。”

“箭蛇要在那里做窝，下蛋，抱蛋，生子，聚子在其影下；鹞鹰与各自的伴偶聚集在那里。”

这里集合了各种野蛮可怖的画面；在我读过的所有文字里，对此类自然现象的描述恐怕没有比《圣经》中的这个可怕段落更生动的了。

埃默森·坦南特（Emerson Tennent）爵士在新近出版的精彩翔实的《锡兰》一书中提到一种被迷信赋予恐怖意涵的夜鸟。和阿加底亚枭一样，它似乎也是“只闻其声，不见其形”。

“在所有夜鸟中，褐鸮是最不寻常的一种，它会发出非常骇人的嘶鸣，因而被冠上了‘恶鸟’之名。僧伽罗人非常怕它；若在夜里听到它在村庄附近啼叫，人们会哀叹灾祸将至。”

随后，他又提到了另一种不确定来源的叫声，但被人们归为了鸟叫，他补充道：

“有关于这座岛屿上的各种鸟类，锡兰的米特福德（Mitford）先生为我提供了大量宝贵的说明，他对于僧伽罗人的恶鸟到底是什么鸟，也存在类似的疑问。他说：‘恶鸟不是一种猫头鹰。此前我从未听到过它的叫声，

① 译者注，即麻鸦。

直到我来到科尼加尔，它就栖居在政府住宅后面的石山上。它的啼声很像人的喊叫声，从很远就能听到，在寂静的夜晚，听上去异常响亮。它还有另一种叫声，仿佛母鸡刚被抓住时的哭喊声，但让它赢得恶名的那种声音，我只听到过一次真材实料的，难以描述，简直是能想象出的最骇人的声音，听到的人很少有不发抖的。我只能将之比作一个男孩遭受酷刑时发出的声音，并在哽咽中戛然而止。我曾悬赏捕捉此鸟，但一无所获。'"[①]

这里的描述和威尔逊写到的大角鸮很像，因此米特福德先生断定这种锡兰的鸟不是猫头鹰的看法或许有误。威尔逊谈到那种巨大物种时说："它喜欢栖居在沼泽深处，那里耸立着一片大树；每当夜幕降临，人们回家休息后，它就会发出一种似乎不属于这个世界的声音，让林火旁打盹的隐士惊诧不已。"

"令夜晚面目可憎。"

在俄亥俄的海岸山脉上，以及在印第安纳的深山老林里，当我独自一人留在林中时，这一幽灵般的守林人经常会提醒我天快亮了，它经常用奇异的咏叹调为我解闷，有时还会飞下来，环绕着我的篝火，发出响亮而迅疾的"Waugh！ Waugh！"声，那声音嘹亮得足以惊醒整个兵营。它还有另一些夜间独唱，同样很悠扬，其中一种很像一个人被窒息或扼杀时忽隐忽现的尖叫声，对于一位在印第安荒野中游荡的孤独而无知的旅行者而言，这声音总是显得趣味十足[②]。

我也在美国南方亲耳听到过这种不凡的夜鸟的惊人叫声，当时，我正穿行在沼泽中，那里耸立着高大的山毛榉和梧桐树，各种荆棘和藤蔓缠绕其上，仿佛张灯结彩，这种"幽灵般的守林人"就藏在常绿灌木和

---

① 坦南特（Tennet），《锡兰》（*Ceylon*），第一卷，第 167 页。
②《美洲鸟类学》（*Amer. Ornithol.*），第一卷，第 100 页。

豪猪属的扇叶棕榈之间，发出了空洞的声音，仿佛哨兵在呵斥侵入者。整个下午，特别是日暮时分，它们会在每一片沼泽放声鸣叫；由于这些幽深的林子里荒无人烟，非常安静，这样的鸣叫声显得更加惊心动魄。那叫声的音节是："Ho! oho! oho! waugh ho!"最后一个音节尤其真切，会绵延几秒，渐渐消逝。整体听上去不慌不忙，响亮而空洞；你很难相信它来自于一只鸟。

前文已经提到过油鸱，这是一种很不寻常的鸟类，仅见于南美洲的库马纳省，而且完全栖居在洞穴中。这种鸟的习性包含着一些很罗曼蒂克的成分，我们不妨再来看一下亨博尔特基于亲身体验的具体描述。他抵达卡里佩山谷后，发现当地人对于一座深达数里格的洞穴充满了迷信，有一条河从中流出，洞穴里栖息着成千上万只夜鸟，当地人会在布道活动中使用这种鸟的油脂，而非黄油。

亨博尔特组织了一队人马，前往探索这座神奇的洞穴。抵达从中流出的那条河后，他们溯源而上，蜿蜒前行，最终，巨大的洞口出现在他们面前。洞穴嵌在一道垂直的岩石侧面，构成了一个拱顶，宽 80 英尺，高度相当。岩壁上覆盖着高大的树木，以及种种繁盛的热带植被。美丽的、奇形怪状的寄生植物，蕨类植物和兰花，以及优雅的攀爬藤绕植物，装点着高低不平的入口，杂乱无章地垂挂下来，不寻常的是，这盎然的绿意甚至向洞穴内部延伸了一段距离。亨博尔特充满惊奇地看到了巨大的芭蕉状的赫蕉（heliconice），高 18 英尺，以及棕榈树和树状白星海芋，它们沿着河道一直深入地下。在这道安第斯山脉的深深裂缝中，尽管光线微弱，依然有大量植被一直延伸至距洞口三四十步的深处。队伍向深处行进了约 430 英尺，一直无须点燃火炬。在光线开始消失的地方，他们听到了远处的油鸱沙哑的鸣叫。他说很难描述从黑暗的洞穴深处传来的成千上万只油鸱的恐怖噪声，它们尖利的鸣叫震颤了拱顶的岩石，回声响彻洞穴深处，久久不散。他认为，如果不是刚好有几种环境的巧合促成了它们的生存，这种油鸱恐怕早就灭绝了。当地的土著人出于迷信和恐惧，很少敢进入这座洞穴的深处。亨博尔特费了很大工夫，才说服他们继续前进，他们每年只会进入外面的洞穴一次，采集油脂；最终，凭借神父的绝对权威，他们才坚持到了地面陡然上升的地方，这里的坡度达到 60 度，激流构成了一座不大的地下瀑布。在印第安人心中，这座夜鸟栖居的洞穴关联着一些神秘思想，他们相信洞穴深处停留着他们祖先的英灵。他们说人类不应进入日光和月光都照不到的地方；而“深入洞穴，加入油鸱的行列”，意味着去见祖先，也就是去死。他们的巫师和制毒师会在这座洞口驱魔，召唤恶灵之首。

下面这件事发生在阿特金森先生的中亚旅途当中，同样充满浪漫色彩：

“此前，我们的船一直行走在河道中央，我们途径了几座小岛，它们将大河分成了好几条河道。哥萨克人撑着桨休息，周围万籁俱寂，我们的船滑入了一条狭窄河道，一侧是一座长岛，一侧是浓密的芦苇河床。当我们的小船漂浮了 50 码的距离后，其中一位哥萨克人开始用桨击打河边的芦苇丛。同时，他们一起爆发出响亮的呼喊声。紧接着，芦苇丛中传出一声尖叫，仿佛有一个恶魔离我们而去，接着传来一阵突进的声音，同时四面八方传来拍打翅膀的声音，升向空中，接着，一场荒野演奏会就在我们头顶唱响了。我们侵入了千万只水鸟的藏身之所。喧嚣过后，哥萨克人把船滑向了河道中央，快速掠过了一些美丽的风景。”①

① 阿特金森（Atkinson），《西伯利亚》（*Siberia*），第 228 页。

熟悉我们海岸上章鱼和墨鱼的人一定同意，此类动物的出现相当令人反感。它们软塌塌、死尸般的肉体，一会儿松松软软，一会儿又鼓荡起来，它们变化的颜色，时隐时现的乌青，让人摸不着头脑，它们柔韧的长手臂，冷酷的黏性，它们粗暴的敏捷，它们的狡猾和不动声色，它们的聪明，特别是可怖的绿眼睛，让它们看上去“绝非善类”。它们并不需要体型大到可以将手臂伸进船身，将船拖至水下，如东方的故事里宣称的那样；或者如老派的博物学家们相信的那样，诱使我们留给它们一个宽敞的泊位。和这些手臂纠缠不会是一件乐事；对此，我们要对贝亚勒先生表示同情，他讲述了在小笠原群岛的岩石中搜寻贝壳时与此类小动物的亲身遭遇。他看到自己脚边有一个样貌惊人的动物，正向着海浪爬去，它显然是刚被海浪冲上来的。它八爪并用，身体的重量压弯了柔软、灵活的爪子，它用触手抬起身体，仅稍微高出岩石一点。看到他后，它非常警觉，想迅速逃跑。贝亚勒先生奋力将脚踏在了它的一只爪子上；然而，尽管他在湿滑的岩石上使出了相当的劲道，但这只动物的力量奇大，数次挣脱束缚。随后，他伸手抓住了它的一只触手，他紧紧握着，在两边的拉锯下，几乎要将那只触手撕裂。接着，他猛地一抽，希望挣脱其牢固地吸在岩石上的身躯。但未能如愿；不一会儿，这个动物显然被激怒了，它抬起头，瞪起凸出的大眼睛，随即松开岩石，猝然扑向贝亚勒先生的手臂（为了在岩石洞穴里搜寻贝壳，他的整只手臂都裸露在外），然后用吸盘大力吸在了他的手臂上，并努力伸出嘴来，此时，它的嘴已经在手臂根部露了出来，准备发起攻击。贝亚勒先生发现这头怪兽已经牢牢附在他的胳膊上，一股恐惧之情将他淹没。他说它冷冰冰、黏糊糊的附着极其恶心；他高声向船长呼救，后者正在附近从事类似的活动，他希望船长能来帮他摆脱掉这个令人反胃的攻击者。船长很快把他带往了船只的方向，贝亚勒先生则一直在小心阻挡章鱼的嘴咬他的手，很快，船长用一把船刀干掉了这个施暴者，他一段段地将其尸体从贝亚勒身上取下。这只头足动物将触手拉开后足足有 4 英尺长，而躯干部分只有人的拳头那么大[①]。

许多在东方搭帐篷旅行的旅客都描述过静夜中听到的豺狼叫声，称其为最恐怖的声音。但这恐怕不能跟南美洲森林中的吼猴大合唱相比。这种一切动物中最骇人的声音偶尔会在日出和日落时传出，有时也出现在正午，但最常出现在深夜[②]。离得近时，那声音听上去惊心动魄，一位博物学家曾将之比作穿过岩石峡谷的暴风声。那声音非常奇异，第一次出其不意地听到，会让你心中充满最忧郁和恐惧的不祥之感。

一个人前往美国的狂野西部旅行，在大草原上露营时，半夜被一群包围了他的荒原狼的叫声惊醒，他描述了这件事给他留下的诡异印象，一群狼在死寂的夜里放声嚎叫，仿佛德国童话中的幽灵猎犬和猎人[③]。

但是和戈登·卡明（Gordon Cumming）在非洲的夜晚遭遇的野狗（wilde honden）相比，这些就不算什么了。他在一座池塘边挖了一个洞（以前文提过的那种罗曼蒂克的方式），在洞中守望猎物，他射杀了一头牛羚，然后放下未重新上膛的猎枪，堕入了梦乡。

不一会儿，一些奇怪的声音干扰了他的睡眠。他梦到几头狮子在追逐他，最后声音越来越大，并传来了响亮的尖叫声，他一下子惊坐起来。他听到了轻盈的脚步声在四面八方奔突，同时伴随着最诡异的噪声，他抬起头，惊恐万分地发现自己被一群群野狗（殖民者的称呼）包

---

① 《抹香鲸》（*Hist. of the Sperm Whale*）。
② 贝茨（Bates）先生，出自《动物学家》（*Zoologist*），第 3593 页。
③ 沙利文（Sullivan），《美洲浪游记》（*Rambles in America*），第 77 页。

围了，这是一种介于狼和鬣狗的凶猛动物。在他左右两侧，距离这位勇敢的猎人几步之遥的地方，站着两排样貌凶狠的野狗，它们竖着耳朵，伸着脖子，朝他张望；在他的上风方向，还有两大群野狗，至少有四十只，在前前后后地奔突，一边滔滔不绝地交流、低吼。另一群野狗在争夺被射杀的牛羚；想到自己也将被这样撕成碎片，他脸上的血液凝固了，头发竖了起来。

在这种处境下，这位经验丰富的猎人想起了人类声音的力量，以及能震慑残暴动物的决绝姿态；于是，他一跃而起，跨出了洞口低矮的遮蔽，一边用双手舞动他的大毯子，一边向侧耳谛听的受众们发出了响亮威严的吼声。这一做法产生了预想的效果：野狗们后退了几步，以示尊重，然后像一群柯利犬一样，朝他汪汪直叫。此时他开始为猎枪上膛，而上好膛前，整群野狗已经撤走了[①]。

---

①《猎狮者》（*The Lion Hunter*）。第九章。

第十章

可怕的

人类与周遭造物的联系，偶尔会将他带入一种超越一时的兴奋和精神刺激更严重的情形，而总体来看，这种情形可能会让人很享受，而非相反。人类确实被上帝赋予高于其他生物的地位，而且通常情况下，它们也都臣服于人类的这一地位。但是，其中也有许多被赋予了邪恶的力量，令人无法抵抗，至少抵抗并不总能奏效。但也有些时候，控制权会完全易手。有些具备强大的体量与力量，仅凭势能，就能完全将人碾碎；另一些拥有强大的武器，如角、蹄子、爪子、牙齿（长牙和尖牙），能施展高超的技能，再加上强大的肌肉，敏捷的步伐，巧妙的直觉，以及狡猾的策略，会让它们的攻击更加有效。另一些身量较小，明显不被放在眼里，但却装备着致命的武器，只要被它们轻触一下皮肤——迅疾如闪电，且准确无误——无一例外，总会立刻酿成最悲惨的死状。

这些生物对自身的力量了然于心；虽然它们会策略性地承认人类的统治地位，拒绝与人类为敌，但偶尔，或出于饥饿或愤怒，或出于被阻挡去路的绝望，或出于孤注一掷的情急，它们也会尝试向它们的君主“宣战”。

当人类与凶残的敌人们觌面相见，这种你死我活的斗争构成了博物学年鉴中众多充满罗曼蒂克的故事；而很多故事都以它们的可怕胜利和人类的悲惨死亡告终。因此，在我们探讨的自然科学的范畴里，不能不重视它们；但少数几个这样的可怕故事就能让我们满足了：问题是材料过于丰富，选择是个难题。

在整个北温带，狼都是人类的一种残忍而嗜血的敌人，它们具有猎狗般的敏锐嗅觉，拥有持之以恒的耐心，并且成群结队，众志成城，只是缺乏个体力量。不过，即便是一匹独狼，也能推倒一个手无寸铁的人，而在食物匮乏的寒冬，它们也会变得非常勇敢。在我们自己的岛屿上，它们的凶残早已导致了自身的绝迹；但在遥远的古代，路上总会相隔一段距离就修一座房屋，作为抵御狼群攻击的避难所；我们的盎格鲁撒克逊祖先们将 1 月称为“狼月”，因为这个月份有更多人被狼吞噬。

在北欧和东欧，乘坐雪橇的旅行者经常面临被成群的饿狼攻击的危险；很多人都见证了这样的可怕事件。劳埃德（Lloyd）先生曾讲过一个非常悲惨的故事。一天，一个女子和她的三个子女以这种方式外出，她发现身后追来了一大群瘦骨嶙峋的饿狼。她立刻让马匹朝家的方向全力奔驰，当时离家并不远。然而，凶残的狼群还是追上了她，几乎要登上雪橇。为保住自己的性命，也为了拯救其余的孩子，这位可怜人在慌乱中一把抓住其中一个婴儿，扔给了嗜血的追逐者们。这暂时让它们停了下来，但在吞噬了那个弱小的无辜生命后，它们再次开始追逐，并第二次追上了雪橇。这位绝望的母亲，又一次诉诸了同样可怕的权宜之计，向凶残的攻击者们抛出了另一个子嗣。长话短说，她的第三个孩子也未能逃脱同样的悲惨命运。最终，这个可怜的人终于安全到家，我们或许可以想象她的心情，但很难用语言描述。

阿特金森曾用其常见的绘声绘色的笔触描述过他和他的卡尔梅克人团队在蒙古被狼群包围的情形。当时，他们在大草原上的一座湖边露营，可怕的狼嚎突然从远处传来。他们迅速将马匹聚集起来，准备迎战。篝火眼看就要灭了，但他们认为，最好先让狼群靠近，再加一点新柴，以照亮射击的视线。不一会儿，身边就传来了狼群奔来的脚步声，同时响起一声凶狠的嚎叫。他们在余烬中加入了一些干燥的灌木枝，点亮篝火，红色的光芒射向远处，暴露了狼群竖起的耳朵和尾巴，以及它们眼中的凶光。一声令下，五杆猎枪和一杆双筒枪齐发，有些狼应声倒地，可怕的嚎叫此起彼伏。狼群咆哮着、尖叫着，向远处退去，但卡尔梅克人判断它们还会回来。

不一会儿，惊恐的马匹宣告了掠夺者们再次光临，你可以听到它们在营地和湖之间移动，兵分两路，向营地靠近。你能看到它们眼中的凶光，它们灰色的身形，一匹挨着一匹，亦步亦趋。子弹再次飞出，狼群再次尖叫着撤退，但只退到了不远之外，继续观望。

此时，夜越来越深，柴火已经烧尽。一声遥远的嚎叫宣告了另一群狼的逼近，而之前那群静静等待时机的狼开始发出戒备的嚎叫，很快，两群狼就爆发了内斗。此时，一些人全副武装，在湖边小心翼翼地捡来了更多柴火，并投入火中。火势渐旺，可以看到有七八匹狼就在 15 步以内，另一些狼立在远处。于是，猎枪再次打响，近处的狼群伴随着可怕的哀号声，四散逃去。

天亮后，营地前躺着 8 匹狼的尸体，地上的血迹表明，许多狼在逃走时已身负重伤——一个可怕的夜晚就此结束。

欧洲棕熊力大无穷，而且有时无所畏惧，是一个无法忽视的对手，劳埃德先生和其他北方猎人的无数探险已经揭示了这一点。虽然棕熊可以靠水果、谷物和蜂蜜维生，不必伤害其他动物的生命，但它们同时也是凶残的肉食动物。古罗马人曾用苏格兰熊来放大公开处决的恐怖：

“洛勒奥鲁斯被钉上十字架，

胸膛被一头灰熊撕裂。”

西伯利亚熊的凶残体现在《圣经》的众多篇章中，特别是一段关于 42 名嘲笑以利沙的童子被两头母熊残杀的故事[①]。北极熊是非常凶残和强大的动物。

但所有这些熊类，不论体型、力量或凶残程度，都无法与北美洲草原上的灰熊相提并论。它们被称作烈熊（Ursus ferox）和恐怖熊（U. Horribilis），呼应了人们对它们的恐惧。即便是凶蛮的野牛，尽管体型庞大，依然是灰熊的囊中物，灰熊能将重千磅的野牛尸体拖至其住所。刘易斯和克拉克曾测量过一头灰熊，长 9 英尺。

落基山脉的猎人和设阱捕兽者们乐于在营火前讲述亲身遭遇此类巨兽的故事。而许多激动人心的故事也登上了书本的页面，在此，我要简述其中一个故事。

一个名叫维朗德里（Villandrie）的加拿大人在黄石河上做一名设阱捕兽者，他凭借高超的技术和无畏的精神，获得了地区内最佳白人猎手的声誉。一天早晨，他骑马去查看其河狸陷阱，他需要穿过一条小河的

---

① 《列王记（下）》（*2 Kings*）2：24。

高岸上浓密的灌木林。一路上，他用枪管推开挡路的树枝，同时留意岸上的情形，突然间，他发现一头年老的母灰熊就在离他不远的地方，并突然起身，猛冲向他的坐骑，而他还在灌木丛间辛苦跋涉。它挥了一下巨爪，折断了马背，让维朗德里翻倒在岸上，他的猎枪掉入了河中。此时，三头小兽抓住了那匹悲惨的马，它们愤怒的母亲则冲向了这位猎人，他刚站起来，还没来得及抽出长刀，熊爪已经抓住了他的左臂和肩膀。好在右手还能自由活动，于是，他一刀一刀地刺向了凶猛敌人的颈部，但它并未松开爪子，而试图用牙咬下那把尖刀。随着他不停挣扎，它的爪子似乎更深地嵌在了他的肩膀和腰部。

这场冲突持续了不到一分钟，沙子的堤岸突然垮塌，格斗的双方同时跌入水中。维朗德里非常幸运，突然而来的冷水浴让灰熊松开了爪子：她返回了幼崽身边，任凭其抓伤的敌人漂流而去。次日，他抵达了一座苏族村庄，而失血过多，他已经筋疲力尽；后来，他的伤口基本复原，他也守住了黄石地区最佳白人猎手的声望[①]。

近期的非洲旅行家们已经让我们熟悉了那座贫瘠大陆上的强大凶残的野兽，那是一座凶猛面孔的大都会。不仅传教士、殖民者和士兵们在进入荒野时遇到了那些高大动物，此外还有猎人们，或者为了打猎，或者为了利益，深入荒野，搜寻它们，在狮子的午夜泉边守候，在大象的森林要塞和它单挑。由此产生了众多令人胆寒的冒险故事，这些故事让我们坐在家中的壁炉边上体会到了什么是惊心动魄。在此，我要选取一两个故事，以展现博物学恐怖的一面。

在动物的叫声中，没有什么比一头愤怒大象的尖叫或“啼叫”更

① 默尔海于森（Möllhausen），《太平洋之旅》（*Journey to the Pacific*），第一卷，第103页。

恐怖的了。在南非，猎象是一项艰巨的工作。面对一头 12 英尺高的生物，听着它愤怒的吼叫，看着它暴跳如雷，横冲直撞，将树木连根拔起，一个人需要激发出一切潜在的胆量和勇气，才能迎接战斗。利文斯顿称，这种可怕的“啼叫”在所有尘世的声音中最像是人站在铁轨上听到的法国汽笛声。那声音会令人惊慌失措，而不习惯于猎象的马匹，有时甚至不会仓皇奔逃，而是浑身颤抖，挪不开步子。戈登·卡明描述过一个惊心动魄的场面，当时，他下马向一头大象射击，却立刻遭到了另一头大象的袭击；他的马匹面对两头巨兽的夹击，惊慌失措，拒绝让他上马；直到他感到一只象鼻已经要勾住他的身体时，才终于跨上马鞍。

而上马后，这匹坐骑仍会不时吓得腿脚失灵，最终和骑手一起摔倒在地；而考虑到森林中植被繁茂，他也很有可能会在奔驰中被甩下来，此时，他孤身一人，面对暴怒的巨兽，等待着被长牙刺穿，或被巨足踩扁。

这样的猎象冒险会让一个人陷入几乎无路可逃的境地，但他性格谦逊，总是不愿发表关于自己的事。1850 年，奥斯韦尔（Oswell）先生在走加河畔将一头大象追赶到了河边荆棘遍布的灌木丛，大象经常会在此类环境下逃生。他托起一些树枝，沿着一条狭窄的路径强行推进，紧追不舍；而就在他跨过这段艰难的路径后，他看见那头大象（先前曾扫到它的尾巴）调转身子，向他冲来。此时，他已经没时间托起树枝了，而不得不迫使胯下的马强行通过。但它无法开出一条路来；尝试和失败只相隔一瞬间，猎人转念准备下马；结果一只脚又被灌木枝绊住，倒刺缠在了马的侧身；它一下子跳开，将骑手摔在地上，此刻，他看见大象仍在全力朝他冲来。奥斯韦尔先生看到一只巨大的前足正要踩到他的腿上，他连忙把腿分开，猛吸了一口气，他心里清楚，另一只脚马上就会踩上他的躯干。结果，他看到这头猛兽的整个身体从其头顶掠过；马匹也已经成功逃开。利文斯顿博士记下了这件轶事，除此之外，他只听到过一次被大象跨过而完好无损的事例；任何了解此类灌木丛的人，只要想到在这样的地方与这样一位敌手遭遇，都会心惊胆战。因为灌木枝的两侧都长着倒刺，翻过一边，另一边就会在压力下刺穿侵入者。它们像刀片一般锋利。马匹很怕此类灌木丛；多数马匹甚至拒绝面向它的倒刺[①]。

不过，猎象人偶尔也会成为其勇敢的牺牲品。有一位名叫撒克里（Thackwray）的年轻有为的象牙猎手，在经过了无数次千钧一发的逃脱后，最终死在了大象脚下。有一次，一群大象将他赶到了可怕的悬崖边上，他唯一的生存希望就是爬到下方的一块大岩石上。而他刚跳下去，其中一头大象就来到了他的头顶，试图用象鼻袭击他。此时，这位猎人能轻松开枪射击，但他担心这个庞然大物会倒在自己身上，那无疑将是毁灭性的。他逃脱了此次的危险，但不久后，几乎在同一地点，他还是遇到了让他丢掉性命的一战。当时，撒克里和随从霍屯督（Hottentot）一起遭遇了一群大象，其中一头已经被他击伤。霍屯督看到那头大象倒地，以为它死了，就向它走去，但这头野兽突然怒发而起。小伙子瞬间扑倒在地，那头愤怒的巨兽似乎没有察觉，直接掠过了他，在暴怒中撕扯身边的林木；接着，它冲向了撒克里所在的灌木丛，并发现了他，此时，撒克里正在重新上膛，但转眼间，大象已经将他推到，并用一根象牙刺穿了它的大腿。然后，它用象鼻缠住他，拖至空中，再猛力摔向地

① 利文斯顿（Livingstone），《南非》（*South Africa*），第 580 页。

面，接着跪在他身上，在盛怒之下，毫不留情地将他已经被压扁的身体按进了泥土里。当他的残骸被人发现时，整个画面无比骇人[①]。更近期，另一位名叫瓦尔贝格（Wahlberg）的象牙猎手也遭遇了几乎一模一样的命运。

比大象的体格略小、同时绝没有大象聪明的各种非洲犀牛在受到人类挑衅时，也会释放出火爆的脾气；或者说，仅仅看到人的踪影，就足以激发这种暴怒。斯蒂德曼（Steedman）曾提到一位名叫霍屯督（Hottentot）的负有盛名的勇敢的猎象人，有一次，他的马就在其胯下被犀牛杀害。当时，他还来不及举枪，这头巨兽就冲向了他，直接将尖角刺入了马的胸腔，令骑手和坐骑同时翻倒在地。接着，那头凶残的动物似乎感到心满意足，于是甩手离开，并未跟进它的胜利，而此时，霍屯督还没回过劲来，没能放出他复仇的子弹[②]。

奥斯韦尔先生也遭遇过类似的状况。有一次，他跟踪了两头此类野兽，当它们慢慢向他走来，他知道，要射击此类动物的头部，只有很小的概率能打中其微小的大脑，因此，他趴在地上，希望其中一头犀牛能露出肩膀，最后，他与它们只相隔几码的距离。猎人寻思，如果冲向侧面，他或许有机会逃跑；但犀牛实在太敏捷，直接转向了他，尽管他对着犀牛的头部开了一枪，他还是被撞飞了。“我的朋友，”描述此事的利文斯顿博士写道，“直接晕了过去，醒来后，他发现大腿和躯干上都留下了巨大的伤口。我见过他大腿上的伤口，当时仍是开裂状态，整个伤口长 5 英寸。”白犀牛虽然比黑色的温顺一些，但也相当危险，曾经有一头这样的犀牛，尽管已身负重伤，仍然攻击了奥斯韦尔先生的马，

---

① 斯蒂德曼（Steedman），《流浪记》（*Wanderings*），第 74 页。
② 斯蒂德曼（Steedman），《流浪记》（*Wanderings*），第 69 页。

将牛角刺入马鞍，将骑手和坐骑同时撞飞[①]。

同一地区的水牛是另一种凶残的动物，非常难对付。著名的瑞典植物学家桑伯格（Thunberg）曾在两名同伴的陪同下在野外采集植物，一头水牛突然发出震耳欲聋的吼声，向他们冲来。他们转头奔向树林，才幸免于难，两匹坐骑则被强大的牛角刺穿，当场毙命。

梅休因（Methuen）船长绘声绘色地描述了这种最残暴的食草动物的性情，它们被开普殖民者们视为比狮子更危险的对手。当时，这位英勇的船长和他的队伍发现了一群水牛，并射伤了其中一些，但它们还是成功逃到了隐蔽处。随后，他爬上了一株低矮的荆棘灌木的树干，又射中了另一头公牛。“受伤的动物冲向笔者，它的耳朵大张，眼睛飞转，鼻子与脑袋呈直角，一幅决心复仇的姿态；他来到距我不到 30 码的地方，消失在了灌木丛中。我从不堪重负的躲藏处下来，弗洛里克（Frolic，霍屯督的随从）再次发现这头水牛立在一小片浓密的灌木丛中，几乎藏住了整个身子；它垂下头，一动不动，无疑正侧耳谛听。我们匍匐在地，无声无息地向一片灌木丛爬去，我再次开枪射击。那头巨兽迎风奔跑，好在不是朝我们所在的方向，随即再次站稳。附近没有好的屏障，它的鼻子冲着我们，为求谨慎，我们耐心等待事态的发展。接着，它慢慢躺下，我们知道水牛极其狡猾，它这样做只是为了让猎人放松警惕，并诱敌深入，我们小心翼翼地靠近它。我再次冲它的肩部射击，看它没有起身的打算，应该已经无计可施，于是，我们开始走向它；此后发生的事令我永生难忘。它慢慢转动其沉重的脑袋，眼睛已经发现我们；我将第二筒子弹打向牛角后面的位置，但并未击中大脑。伤

① 利文斯顿（Livingstone），《非洲之旅》（*Travels in Africa*），第 611 页。

口让它很难起身，莫尼彭尼（Moneypenny）和我刚好有时间躲在一旁纤细的灌木后面，而弗洛里克不明智的蹲下了身子。水牛看见了他，发出了持续的怪异的噪声，介于咕哝与咆哮之间，随即开始飞奔起来，这种笨重的动物除非在复仇时，很少会迈开如此敏捷的步伐。”

“它撞进了低矮的灌木丛，仿佛进入一片麦地，然后从我身边掠过，直接冲向莫尼彭尼的藏身处，后者此时正朝它瞄准，并将子弹打向了其头顶的牛角根处：射击时，水牛的距离已经很近，下一个瞬间，牛角就撞上了枪管；但不知是声音还是烟气迷惑了这头野兽，或者是被子弹惊到了，它并未撞上我的朋友，而是继续追逐弗洛里克。”

“霍屯督在灌木丛旁边躲开了那头愤怒而面容可怖的猛兽，但它很轻松地撞开了这些细小的障碍，奔跑的速度越来越快，我们不发一语地看着这场追逐，已经顾不上藏身，直接站了起来，然后眼睁睁看着那头水牛追上了它的猎物，将其击倒。危急之中，我的朋友向这头野兽打出了第二管子弹，此时，水牛已经用前爪攻击了一两次弗洛里克，同时低下头，奋力撞他；霍屯督意识到其用意后，几乎一动不动地躺在地上。”

“此时，莫尼彭尼冲我大叫，‘水牛来了！’我慌忙冲向一丛灌木，并被猎枪绊倒，导致膝盖严重受伤。结果证明是虚惊一场；水牛死在了弗洛里克身边，不一会儿，弗洛里克起身，一瘸一拐地向我们走来。他伤得很重，挂在猎袋外的火药罐已被压扁。水牛刚才可能已经非常虚弱，无法使出全力对付他，也或者是在追逐的过程中用尽了全部力量：否则霍屯督将毫无生还的希望，一个人落在一头受伤狮子的爪牙下，也比落在一头愤怒的水牛的蹄下要好。看着这个可怜的同伴走向我们，我心中充满了对守护我们的上帝的感激之情；他能逃此一劫，而没有遭受致命伤，几乎是奇迹了。”[1]

看着一只袋鼠温顺的、小鹿般的面容，谁能想象一只如此柔弱的动物会有什么危险呢？然而，很多人都知道，经常有强壮的大狗被袋鼠杀害，袋鼠会用前爪抱紧狗，然后用强健有力的后腿踢它，最后会撕裂它的敌手，挖出内脏。人类面对袋鼠同样不能掉以轻心，下面这个故事就说明了这一点。这位猎人的一条狗被袋鼠肢解后，他走上前去：

“无可挽回地失去了我可怜的狗，我愤怒极了，同时这不寻常的场面也让我非常兴奋，我迫不及待地要进行复仇；毫无疑问，在我坚硬的棍棒之下，那个对手必定会倒在我的脚下。呜呼！命运啊，还有更残酷无情的白蚁，挫败了我的杀意，让我成了这个古怪而敏捷的敌人的手下败将。在我向它的头颅挥出重重一击后，我的武器颤抖着碎成了上千片[2]，转眼间，我自己就被对手过分热情地抱住，它开始用一种决不令人愉快的方式撕扯我的身体。此时，我仅剩的一条狗也已经因受伤和失血而筋疲力尽，显然满足于默默看着其高高在上的主人，并一动不动地观赏这场新的强弱悬殊的打斗。”

“我用尽全身的劲儿，想从这头野兽的怀中挣脱出来，却徒劳无果；我发现自己的力气正慢慢消失，同时，我的视线开始模糊，血从深深的伤口中流出，那个伤口一直从后脑勺延伸至整个脸庞。实际上，我已经成了这只袋鼠的囊中物，它还在以不懈的精力，持续将爪子刺入我的胸膛，好在我穿着一件帆布上衣，殖民者称之为‘针织套衫’(jumper)，尽管如此，我必定也会落得和可怜的特里普一样的下场。我几乎放弃了抵抗；头上有千斤重担，敌人狠狠将我抱在胸前，我开始失去意识，突

---

① 《荒野生活》(*Life in the Wilderness*)，第 173 页。
② 读者可在前文读到关于这一点的解释。

然，我听到一声震慑人心的呼喊：有人来救我吗？这念头让我重获新生：伴随着力量的复苏，我成功地从这个坚定的对手身上挣脱了出来；我看到旁边有一棵树，就绝望地往上跳，以求庇护。我来到树前，抓住它，撑起自己；耳中突然传来一声尖利的枪响，子弹穿透了距离我头顶约 3 英寸的树皮。接着又是一声枪响，这次打得准了点，让那只愤怒的动物（此时已经又来到我身边）沉重地倒向了一边。他们走进后，我看到是我的兄弟和一个朋友，后者一开始把我错看成了袋鼠，几乎为这场奇异的打斗划下完满的句号。当然，失手总比赶不及要好；而在干掉一瓶百试不爽的白兰地后，我恢复了精神和体力，为可怜的老特里普唱了一曲安魂曲，我的同伴们用一根大栅柱扛起倒下的敌人，一人抬着一头，我拖着虚弱的步子，蹒跚着跟在后面。你们大概想象得到，我曾经那点小小的美丽，大概不会因脸上的疤痕更上一层楼了，这个疤痕从今以后将永远跟随着我。如今，我已经是个猎袋鼠的老手，但我再也不敢用一根被白蚁吃空的木棒对付如此强大的对手了；我的狗狗们也变得非常谨慎，不再敢莽撞地冲进此类致命对手的领地。在那之后，我们杀死过很多袋鼠，但很少有哪只像最初在新荷兰的平原上试探我们气概的那只那么雄壮。”①

最近，赤道附近的非洲海岸为欧洲科学界贡献了一种体形巨大的类人猿，它们对一个古老的经典故事构成有趣的佐证。在公元前 600 年左右，据称有一位汉诺（Hanno）从迦太基扬帆出港，穿过赫尔克里斯之柱，沿非洲海岸探险。记录此次航行的文字中出现了下面这段话：“经过火焰河，我们来到了一片名为南方之角的海湾。其水隈处有一座岛

---

①《狩猎评论》（*Sporting Review*），第二卷，第 343 页。

屿，和第一座很像，那里有一座湖泊，湖泊中又有一座岛屿，岛上住满了野人。但其中大部分是女性，身上长毛，翻译称之为‘大猩猩’。但追逐他们时，我们未能抓住男性；他们都跑得飞快，飞檐走壁；会用石头防身。而三名女性对带领她们的人又抓又咬，不愿跟随。最后，我们杀死了她们，剥下了皮，送去了迦太基；因为补给不足，我们没有再继续航行。”①

古代航行者发现的“野人”无疑就是日后再次发现的大型类人猿，而后者依据这个古老的故事，也被称为了“大猩猩”。那片地区是一片森林茂盛的国度，从几内亚湾向南，绵延上千英里；而鉴于大猩猩从未在其他地区出现过，因此我们可以很确定，汉诺航行的最远端就是这片地区的某个地方。

这种大猩猩是所有凶残的动物中长得最像人类的；它们的身高完全与人类相仿，但体格要壮实得多；力大无穷。虽然完全以果实为生，但据称，它们对人类有一种很强的敌意；即便手握武器，也没有黑人愿意跟成年的雄性大猩猩搏斗。据称，它们甚至能跟狮子一决高下。

大猩猩和大象的对抗非常有趣，也引出了一些滑稽的场景。老年雄性大猩猩巡逻时，总会配备一根粗大的木棍，而且知道如何使用。大象对于大猩猩并无存心的恶意，但不幸的是，它们都喜欢同一类水果。因此，当大猩猩看见象鼻在树枝间忙碌时，它会立刻认为这是对其所有权的侵犯；它会悄悄地从树枝上爬下来，然后突然用木棍聪明地击打象鼻上敏感的鼻尖部位，赶走那头惊慌失措的动物，后者会发出愤怒而痛苦的吼叫。

---

①《伯里浦鲁斯游记》(*Periplus*)。

其中一种此类猩猩有种恶魔般的样貌，当它们出现在幽暗的原始森林深处（我大概已经在前面一章里讲过此类森林中的故事）时，那场面一定非常狂野和奇异。它们所伴随的恐怖也超乎想象。参与猎象的年轻力壮的黑人都很熟悉大猩猩的强大。它们和狮子不同，不会在看到人以后愠怒地躲开，而是会快速荡至较低的树杈上，直接出击，擒住敌人的首领。它们的面容非常可怕，绿色的眼睛里闪着怒火，浓重的眉毛抽风似的上上下下，毛发竖起——一幅恶魔般的恐怖尊容。夺走人手中的武器，弄弯枪杆，然后，这些愤怒的野兽会用它们强力的手臂和老虎钳般的牙齿攻击人类。更可怕的是，它们会以迅雷之势带来无法预料的命运。两名黑人在林间行路，毫无戒备，转眼间，一个同伴就不见了，接着，另一个人发现他被拖到了空中，伴随着一种抽搐和窒息般的喊叫；几分钟后，一具被扼杀的尸体跌落地面。惊慌失措的幸存者抬头仰望，看到了恶魔的凶光与冷笑，此时，它正等待时机，不一会儿，它突然放下巨大的后腿，用一种无法抵抗的力量，抓住了那个悲惨的人的脖子，等他停止挣扎时，再一把将其摔下去。可谓一座临时起意的绞刑台①！

捕鲸，不论是我们那些强壮的水手在北冰洋的浮冰中追寻的物种，还是广阔无边的太平洋中遨游的更庞大的物种，都充满危险。其年鉴中也记满了奇异而可怕的冒险经历。猝不及防的死亡，船被撞成碎片，船员堕入冰冷的海水；被缠在腿上或臂上的线缆拖至深海；以上情况在与此种海怪的战斗中都很常见。关于最后一种情况，有一件事例记录在案，其中的受难者侥幸逃生，讲述了可怕的亲身经历。

---

① 见欧文教授关于大猩猩的论述（*Proc. Zool. Soc.*，1859 年）。

一位美国的捕鲸船长在太平洋上用线缆勾到了一头抹香鲸，后者几乎在垂直下潜。缆绳被快速拉出，突然缠绕成了一团；船长弯下腰清理缆绳，转眼就从船首消失了。舵手见状，马上抓起斧子将缆绳砍断，他希望通过松开缆绳，能让那个不幸的人重获自由。

几分钟过去了，希望差不多要湮灭了，此时，一个物体在不远处浮上了水面。正是船长的躯体，船员们很快将他拖上了船。尽管毫无知觉，一动不动，但似乎还有生命体征，经过常规救援后，他苏醒了过来，用他自己的话说，“健康如新生一般”，随后，他讲述了奇特的逃生经历。

似乎是在厘清缆绳时，他的左手腕被缠住，然后被下潜的鲸鱼拖到了海中。在高速下潜的过程中，他的意识还很清醒，由于身体对水的阻力，他感觉手臂几乎要被撕裂。他明白这样下去自己将葬身海底，而唯一的生还希望就是割断缆绳，但他用尽全力也无法从身侧抬起右手，因为一直被往下拖拽，水的阻力很强。

第一次睁开眼时，仿佛有一条火的河流在他眼前流过；但随着越潜越深，眼前也越来越昏暗，他感觉有一种可怕的力量在挤压他的脑袋，耳中仿佛响彻着轰鸣的雷声。但他仍有意识，仍在徒劳地想要拿到腰间的刀子。最终，在他变得越来越虚弱，感到头晕目眩之时，有一个瞬间，鲸鱼仿佛暂停了下潜，缆绳有所松动，他终于抽出刀子，随即，缆绳又被拉紧，但他锋利的刀刃也划过了缆绳，他终于重获自由。从这一刻起，他就什么都不记得了，直到在自己的床上醒来，眼前一片光亮，浑身疼痛不已。

读者或许已经熟知一个关于大白鲨凶残胃口的事例。大约 30 个社会群岛的土著人乘坐一条巨大的双独木舟，在岛屿间往来穿梭。突然间，一场风暴来临，双独木舟被大海撕裂，一分为二。而由于每条单独的独木舟都很深并且很窄，分开后无法独立垂直漂浮；虽然船员们努力保持龙骨的平衡，还是随时有翻船的可能。这种情况下，他们奋力用桅、桁和板、桨打造出了一只筏子，希望可以借此物件漂浮上岸。但由于人数众多，筏子的尺寸又很小，因此吃水很深，海浪一直没过了他们的膝盖。最终，他们看到一群可怕的鲨鱼包围了他们，很快，鲨鱼壮起胆子，抓走了一位可怜的船员，将其拖至深渊。接着，一个又一个船员被抓走；这些可怜的岛民们没有任何武器，而且又饿又累，他们挤在淹水的逼仄平台上，既无力防守，也无法驱赶这些凶残的攻击者。这场战斗越来越强弱悬殊，血的味道引来了越来越多的鲨鱼，并且越来越嚣张，最后筏子上只剩下两三位水手，而筏子终于浮出水面，凶残的鲨鱼已经捉不到他们，但依然在四周徘徊，持续发出威胁，最终，海浪将仅剩的几位幸存者送上了岸。

在爬行动物中，披甲的鳄鱼是人类的强大敌手。它身躯庞大，却用腹部在地上爬行；身披骨质铠甲，带着坚硬的凸起，长长的尾巴上长着两排尖牙，仿佛两条平行的锯子；四足外张，尖端是分开的长长的利爪；绿色的眼睛从凸起的眼眶处向外闪着凶光；它完全没有嘴唇，即使闭上嘴，仍会露出两排交错的长牙，因此，哪怕安静的时候，这种猛兽仿佛仍在愤怒地狞笑[①]，难怪在每一个有鳄鱼的国度，它都被视为了恐惧的对象。

这种恐惧并非没有理由。鳄鱼，不论是尼罗河上的还是西印度群岛上的，都以与人为敌著称；美洲大陆的短吻鳄也不遑多让。其中，南美洲大河流上的鳄鱼似乎比北方的同类更加凶残。沃特顿（Waterton）等

① “它牙齿四围是可畏的。”《约伯记》41：14。

观察家们都记录过它们的可怕与贪婪；在此，我要加入另一位更近期的旅行者的记录，他是一位军官，曾参与南美洲省份摆脱西班牙统治的解放战争。

莫里略（Morillo）在阿普里县推进期间，有三名官员被从兰赫尔（Rangel）上校位于康哥利尔的营地派遣至派斯（Paez）将军位于卡纳皮斯托拉的司令部；由于找不到小船，他们不得不让马匹游过库纳威奇潟湖的一条横在路上的小支流，过河时，他们一如既往，把马鞍顶在头上。其中两人是兄弟，姓加马拉（Gamarra），是瓦里纳斯（Varinas）的原住民。兄弟中的一人是派斯的枪骑兵中尉，他一直在岸边徘徊，直到战友们已经在另一边上岸，才缓缓走入水中。当他差不多走到河中央时，岸上的两人看到一条大鳄鱼（此类鳄鱼经常出没在这条河中）从红树林下方钻了出来。他们立刻警告水中的同伴；但他已经来不及回头了。在鳄鱼眼看就要抓住他的时候，他一把扔出了马鞍。那条贪婪的野兽马上用血盆大口接住了马鞍，并消失了一会儿；但很快，它就发现自己上当了，于是在马匹前方浮了出来，此时，这匹马第一次看见那条鳄鱼，突然后仰，将骑手抛下。作为一名游泳健将，他立刻奋勇下潜，朝岸边游去，几乎就要成功逃脱了；但在他出水换气时，身后的追逐者也浮出了水面，拦腰咬住了他。岸上的两人目睹了这可怕的场景，但在鳄鱼的威吓下，完全无力伸出援手，他们眼睁睁看着它将那个不幸的人淹死，再将尸体带到对岸的河滩上，大快朵颐[①]。

所有生物中最可怕的也是一种爬行动物；它比愤怒的雄狮、发狂的大象、致命的鲨鱼，甚至身披盔甲的鳄鱼更强大。在整个动物世界，

---

① 《委内瑞拉作战与巡游记》（*Campaigns and Cruises in Venezuela*），第一卷，第59页。

没有什么能匹敌毒蛇的致命攻击；被它们闪电般的獠牙咬到，将必死无疑，且死前会经历最难以想象的痛苦。美洲响尾蛇的攻击，据称会让人在两分钟内毙命。即便没这么快，短暂的延迟也只会是一段痛不欲生的时光。有人描述了可怕的死亡过程：首先，身体的特定部分会感到剧烈疼痛，接着会肿起，皮肤会发亮、发红、发烫；然后变乌青，变冰凉，失去感觉。随后，灼烧的痛感会蔓延全身，并且越来越剧烈；强烈的刺痛感会传导至身体的其他部位，浑身如同烈焰烧灼。泪如泉涌，头晕目眩，冷汗直冒，腰部剧痛不已。皮肤显出死灰色或深黄色，稀释的黑色血液从伤口处汩汩流出，逐渐变为发黄的液体。爆裂的头痛紧随而来，天旋地转，势不可挡的恐慌，剧烈的干渴，七窍一阵一阵涌出血液，呼吸散发出无法容忍的恶臭，然后就是痉挛、打嗝、一命呜呼。

弗朗西斯·T·巴克兰（Francis T. Buckland）先生曾记述过卡佩罗眼镜蛇给他本人带来的中毒反应。好在是非常微小的剂量，否则我们也不可能获得这份记录。当时有一只老鼠被这种蛇咬死，巴克兰先生剥下了那只老鼠的皮。但剥皮前，他弄破了指甲里面的皮肤，他忘了自己一小时前刚用小折刀清理过指甲。他不小心在指甲和下面的肉之间划开了一个小口子，毒液便沿着这个小伤口渗了进去。尽管伤口很小，而毒液并非直接来自眼镜蛇，而是散布在老鼠体内后，再进入他的伤口，但这位操作者依然险些送命①。

几年前，皇家动物园（Zoological Gardens）的园丁柯林（Curling）被一条眼镜蛇咬到，骤然丧命，此事震惊了伦敦人。

此类物种在印度很常见，它们喜欢出没在房屋周围，因此经常被

---

①《博物学真奇妙》（*Curiosities of Nat. Hist.*），第 223 页。

人发现，也酿成了很多事故。有些时候似乎只是被轻轻碰到，而非直接咬到，也有些人能非常冷静地不去招惹它，而得以侥幸逃脱。其中一个故事出自一位官员之口，当时，他正找人维修自己的棚屋，他自己躺在门廊的垫子上读书，穿的衣服很少。或许是看的书有催眠效果，他很快就进入了梦乡，不一会儿，胸前一阵凉意把他惊醒。他睁开眼，看到一条巨大的眼镜蛇钻进了他的衬衫，盘在他的胸口，把他吓了一跳。他立刻意识到，惊扰这个生物会非常危险，几乎必死无疑，而眼下，它没有带来任何伤害，似乎也并无恶意。于是，他带着惊人的冷静，纹丝不动地躺着，看着侵入者古铜色的闪光的鳞片。过了一段难熬的漫长时间，一位工人走进门廊，那条蛇听到声音后，离开了它的温床，滑行而去，目睹此景的工匠大叫起来，仆人们一涌而上，杀死了它。

某些动物发起怒来会让人丧命，而单单它们的面容也会让人类警惕，这一点很有意思。鲨鱼的情况就是如此；鳄鱼也是如此；毒蛇更是如此。最后这类动物基本都有一种邪恶的面貌，昭示着它们的致命性。它们扁平的脑袋，后部多少有些宽大，因此接近于三角形；它们的血盆大口，蛇信子不停地弹进弹出；最可怕的还是那双闪着凶光的无眼睑的眼睛，及其缩成一线的瞳孔；这些都足以让看到它们的人仓皇逃窜。达尔文曾提到他在布兰卡港见到的一种蝰蛇：“这种蛇的面容凶猛狰狞；在其斑驳的黄铜色虹膜之间，瞳孔眯成了一条缝；下颚宽大，鼻头有一个三角形的尖端。这可能是除了某种嗜血蝙蝠以外，我见过的最丑陋的东西了。”

南美洲有很多蛇的毒性都很强。其中一种，基于它的强大，被人们称为了大毒蛇[①]。圭亚那的森林里经常发生此类生物酿成的可怕意外。

---

① bush-master，字面意思为灌木王者。

沙利文[①] 讲述了下面这个故事：招待他的主人几天前派了一名黑人去他的庄园开水闸；但那个黑人一直没有回来，主人以为他逃跑了，于是又派了另一个黑人去找他；这个黑人直接来到庄园，看到了之前那个人的尸体，浑身肿胀，十分吓人。尸体上有两个被咬的伤口，他一定是当场毙命，因为尸体距水闸不到 3 英尺。他们认为攻击他的一定是一条大毒蛇。这种被当地人称为 couni-couchi 的大毒蛇是南美洲最可怕的一种蛇类，正如其名字所示，它是森林中的绝对王者。它们不像其他蛇类，见了人就溜走，而是会追击人类。它们体型肥大，胖乎乎的，大约 4 英尺长，粗细几乎与人的手臂相当；嘴大得不自然，獠牙长 1～3 英寸。攻击时力道很大；曾经有一位绅士检查了一个受此类蛇攻击大腿并丧命的男子，他对笔者说，那个伤口看上去就像两根 4 英寸长的指甲嵌进了肉里。当毒液从牙尖深入体内后，救治的希望就很渺茫了，因为当毒液直接嵌入皮肤以下 1.5～2 英寸的深处，一切外敷都不会有任何直接效果；而一旦有主动脉受损，被咬者会即刻毙命。

同一位旅行家还记录了下面这件惊人的事，关于一种名叫 manoota 的致命毒蛇，它们出没在委内瑞拉的巴伦西亚湖边：

“我们遇到的一个美国人向我们讲述了关于这种蛇的一件轶事，如果是真的，的确相当可怕。一天晚上，他和一对父子驾舟而行，计划次日早晨到湖心岛上猎鹿。抵达小岛后，儿子不顾父亲一再警告，直接跳上了岛。很快，他就发出了痛苦的尖叫，并应声倒地。那位父亲立刻跳下船，但也被蛇咬到，只是伤得不重。他们把年轻人搬到船上，他开始浑身肿胀，模样十分可怕，七窍也开始流血，不到半小时便一命呜呼。

① 《美洲浪游记》，第 406 页。

我们的朋友和那位父亲决定带着尸体返回巴伦西亚。此时，一场暴风雨来临，他们的船随时可能倾覆。那个老人此时也因蛇毒陷入了剧痛和恐慌，几乎失去理智。这位叙述者栩栩如生地描述了当时的可怕情境，他置身在一只脆弱的小船上，月黑风高，随时可能翻船，而唯一的同伴是一位深陷丧子之痛的疯老爹。”①

即便最微小的生物也能让最高贵的生物在劫难逃。我们在前一章已经看到一些害虫的例子，它们能对人类发出致命攻击，但真正被双翅目动物屠杀的情况并不常见。去年夏天，印度就发生了这样的事。

当时，两位就职于印度铁路公司的欧洲绅士麦瑟斯·阿姆斯特朗（Messrs Armstrong）和博丁顿（Boddington）前往一个名叫班德库德（Bunder Coode）的地方进行勘测，目的是在纳尔不达河上建一座桥，这里的河道宽10～15码，河水深不可测，两岸耸立着白色的大理石，高约100～150英尺，有些地方充满可怕的凸起。这些大理石的凹槽里藏着数不清的大马蜂窝，马蜂们随时会攻击任何企图打扰它们安宁的不幸的人。当时，这些欧洲测量员们的船只行驶在这条河上，突然间，此类昆虫就乌泱乌泱地笼罩在他们头顶。船员们和这两位绅士一起跳入河里，博丁顿先生游到岸边抓住一块大理石，但却再次遭遇马蜂的攻击，最后，他抵挡不了无数愤怒马蜂的叮咬，一头扎进了水底，再未露出水面。第四天，人们在水面上发现了他的尸体，并为他举办了合乎一切礼仪的葬礼。另一位绅士阿姆斯特朗先生和他的船员们尽管也被严重叮咬，但都脱离了危险。

这就是1859年1月28日的《泰晤士报》上记载的故事。不过，我

---

① 沙利文（Sullivan），《美洲浪游记》（*Rambles in N. and S. America*），第409页。

有幸私下结识了阿姆斯特朗先生的几位家庭成员，他们向我保证，当时的昆虫并非报上记载的马蜂，而是蜜蜂；或许不是经过我们驯化的那种蜜蜂，但确实是一种以产蜜闻名的品种。但不论是哪种蜂子，这个故事都是对《圣经》中段落的生动见证："那时，耶和华要发嘶声……使亚述地的蜂子飞来。"[①] "并且耶和华，你的神，必打发黄蜂飞到他们中间，直到那剩下而藏躲的人从你面前灭亡。"[②]

"恐怖屋"的历程到此结束。

---

① 《以赛亚书》7：18。
② 《申命记》7：20。

第十一章

一种庞大的未知动物

一位年轻水手在首次航行后返回祖国，心里充满了惊奇。“还有什么我没见过的吗？”他提到了朗姆酒的河流，糖果的山峰。最后，他终于耗尽了发明创造的本领，开始谈论成群的热带飞鱼，他对此类现象早已见怪不怪，已经不认为飞鱼称得上什么奇迹了。但此时，他年迈的母亲却听不下去了，她举起牛角眼镜，不以为然地皱起眉头，说：“不可能，不可能，胡说八道！糖山或许有，朗姆河或许有，但鱼永远不可能飞起来！”

这位老母亲只是做了自古至今的哲学家们所做的事情——她建立自己对于物理可能性的看法，认为自然不会跨越这一界限，也无法跨越。然而，事情就这样发生了，大自然母亲如此桀骜不驯，不甘于局限在可能性内。尽管那位老母亲发出善意的抗议，不守法的鱼依然飞到了今天。

在自然科学中，有几个问题一直存在争议，因为一部分证据和另一部分证据背道而驰。如果目击者们（或自称的目击者）能盖棺定论，这些问题也不会拖到今天。但一些最熟悉自然法则的人宣称，理论上的荒谬甚至能压过目击的现象。这个说法的公正性要比第一眼看上去高很多。针对我们见到的东西下定论，甚至确定哪些是我们真正见到的，哪些是我们想象出来的，这是一种能力，而这种能力透过严格的训练，透过对特定类型现象的长期观察，会得到极大的增强。每一个科学人士一定都遇过数不清的例子：一些人提供的言之凿凿的说法往往荒腔走板，而他们却毫无保留地相信自己只是在讲述亲眼见到的事实。有一天，一个人向我保证，他在英格兰经常见到蜂鸟吮吸花蜜，我没有将他斥为骗子，因为他是个完全值得尊敬的人。只是他对博物学的了解很有限，他犯了一个常见的错误，把飞蛾误认为了蜂鸟。

当某件事的证据被提出，而接受这个证据会推翻我们心中的固定法则，或者这种情况存在的可能性极小，此时，我们在探究这一证据时，就要非常慎重了——这是理所当然的。这样的证据需要小心求证，指出可能存在的错误，目击者是否有能力判断这些事实，这一点也需要仔细检验，感官认知与理性推论之间的界限要得到批判性的调查，证词要经过独立的验证。做完所有这些后，我们还应牢记，真相往往比虚构更离奇。我们对固定法则的判断能力本身就充满缺陷，而且时不时地，总会出现一些不容置疑的现象，让我们不得不修改我们的法则。人类对于甲壳类动物的变形才刚了解几年的时间，起初，连一些声望很高的博物学家也纷纷斥之为荒谬透顶。而直到现在，昆虫界普遍存在的孤雌生殖还与生理学似乎最不可更改的一项法则格格不入。

J · W · 赫舍尔（J. W. Herschell）说过，“经验一度被视为我们全部自然知识的源泉，在对自然及其法则的研究中，对于一切先验的看法，或对于任何事例所假定的自然秩序，我们都应打起精神，视之为怠惰的偏见，至少暂时认定它是不成熟的，然后踏踏实实地埋头观察事实。”①

接下来，我提议来检视一下博物学中的几个问题，通过思考这些问题就足以让很多人说服糊涂和轻信的质询者了。权威人士（绝对担得起这两个字）已经给出否定结论；许多权威性较低的人（一如既往，措辞远超他们的老师）则随时准备嘲笑那些胆敢有此想法之人，尽管其他的结论也都是有可能站得住脚的。面对这些问题，我绝不会偏袒任何一方，顽固地只举其中一方的证据，碾压或扭曲另一方的观点。相反，我会开诚布公地提出两方的论据，请读者自行决定哪一方占优。

或许在所有这些存疑的问题中，最著名的一个就是关于“海蛇”的争论。

长久以来，人们一直相信有一种庞大的蛇形动物生存在海洋里，虽然极少被人看到。而挪威人普遍确信这种生物的存在。这座多山国度的海岸上有许多峡湾或深港，那些地方最常有人宣称见到它们。21 世纪，美国新英格兰的海岸也经常出现此类神气活现的动物现身的报道。直到近期，还有一些无懈可击的目击者见到它们在不同的纬度、在远离陆地的大洋中出现。

蓬托皮丹（Pontoppidan）主教曾在 20 世纪中叶前后写过一部他的祖国挪威的博物学历史，其中记录了大量的关于那段时期之前在北欧外

---

①《初级概论》（*Prelim. Discourse*），第 79 页。

海岸偶尔出现的庞大蛇形海洋生物的证言。其中一份证言来自挪威海军的德费里（de Ferry）船长，日期是 1747 年 8 月，他在一艘搭载着 8 人的船上见过这种动物。其中两位船员在地方行政官面前宣誓证实了这一说法。在他的描述中，这一生物大体为蛇形，呈波浪状在水面展开，头部类似于马，高出水面约 2 英尺。

1846 年夏天，挪威的公共报纸上充满相关陈述：

在克里斯蒂安桑和莫尔黛（大家可能已经注意到，这正是一百多年前德费里船长提到的那个地点），有许多备受尊敬之人，许多在诚信方面无懈可击之人，都表示近期见到了这种海洋蛇类。而且，它们基本都出现在巨大的峡湾中，很少现身公海。据信，克里斯蒂安桑峡湾中每年都有其现身的记录，但时间都是在酷夏，而且都是风平浪静的日子。

随后，文中给出无数证言的具体内容，除细微差别外，这些证言都表示在不同时间见到了一种体形很长的动物（约 50～100 英尺），很多目击者见过不止一次。它的头部有时会升出水面，尺寸近乎一只 10 加仑的木桶，其中一位目击者表示其头顶稍尖，另一位说头顶是圆的。但所有人都表示其眼睛硕大，且闪闪发光，其身体为深褐色，相对纤细，头部后面飘散着长长的鬃毛。根据大部分证言，它游动起来呈一种纵向的波浪形，但也有人说是横向的波浪形。这些宣誓者来自形形色色的阶层，有一位工人、一位渔民、一位商人、一位候选神学家、一位治安官、一位外科医生、一位教区长、一位助理牧师等。

夏末，莫尔黛的总执事 P・W・戴恩博尔（P. W. Deinboll）牧师发表了下面这段话：“1845 年 7 月 28 日，书商和印刷商 J・C・伦德（J. C. Lund）、商人 G・S・克罗格（G. S. Krogh）、伦德的学徒克里斯蒂安・弗朗（Christian Flang），以及劳工约翰・艾尔戈恩西斯

（John Elgenses）前往鲁姆斯达尔峡湾捕鱼。经过一个温暖的晴天后，海面波澜不兴。大约午后 7 点钟，在距离岸边不远处，靠近路基的地方，他们看见一个巨大的海洋生物，缓缓向前游动，根据水面泡沫的情况，他们判断其上身最靠近头部的两侧似乎各有一扇鳍。其身躯可见的部分约长 40～50 英尺，移动起来像蛇一样呈波浪形弯曲。其身躯是圆的，颜色很深，粗细大约有几个埃尔（1 埃尔 =2 英尺）。由于这个生物身后的水面有波动，他们判断水面下还有一部分身躯。”从它的移动状态来看，这是一只一体的生物。当它距船只约 100 码时，他们基本可以看清其上半部分，头顶是尖尖的口鼻，巨大的头颅高出水面，呈半圆形。下半身不完全可见，头部为深褐色，皮肤光滑。他们没看见眼睛，也没看见脖子上有任何鬃毛。当这条蛇靠近他们，来到步枪的射击范围以内后，伦德开枪射击，并确定打中其头部。它随即潜入水中，但马上又浮起来。它昂起头，像一条蛇一样，准备进攻它的猎物。它转过身，让身体拉成一条直线，看上去似乎很吃力，接着，它像箭一样冲向船只。他们把船向岸边划去，那个生物，似乎知道自己进入浅水区域，随即下潜，消失了。

“以上就是这四个人的陈述，没人有理由怀疑他们的诚实，或者认为他们吓破胆，而无法认真观察距离如此近的生物。在这里或在挪威海岸的其他地方，已经没有太多人怀疑海蛇的存在。这份叙述的作者一直以来都心存疑虑，因为他没有亲睹这一深海巨兽的好运，但在阅读了众多记录，与一些可靠的目击者谈话后，他已经不敢怀疑海蛇的存在了。”

关于挪威人对此事的证词就引述到这里，下面，我要补充一份来自英国绅士的陈述，这份陈述以“Oxoniensis”的名义发表在 1848 年 11 月 4 日的《泰晤士报》上，因而进入了麦库哈衣（M’Quhae）船长的那个著名事件的喧嚣之中。

这位作者说，“在任何南方纬度地带，关于此类巨兽的存在似乎没有一个真实可信的案例。但在北欧，尽管长期以来人们一直将此类动物归于庞陶普丹的文字之中，并且我已经确信，它们不但存在，而且经常被人看到。我在挪威住了三个夏天，常常和当地人聊起这个话题。执掌鲁姆斯达尔峡湾（距特隆赫姆有两天的行程）的教区牧师是一位博学多识的人，我没有理由怀疑他的诚实，他向我详细描述了他本人目击的情形。当时，这个生物在距离船只不到 30 码的地方浮出水面，随后和船只并行了相当长的一段时间。”“他称它的头颅尺寸接近一只小木桶，嘴巴不停开合，并长着坚固的牙齿。其脖颈较细，但身躯（他认为他在水面上看到了它的一半身躯）的粗细不下于一匹中等体型的马。另一位收留我的绅士也看到过一次，描述也大体相当。那个生物也是在峡湾靠近了他的船只，遭到射击后，转过身来，一直将他们追上了岸，好在当时距离岸边不远，接着它就消失了。他们对于博物学家普遍不相信此类动物的存在大为不解，他们向我保证，凡是熟悉这些内湖的水手，很少有没见过此类动物的。”

艾尔弗雷德·查尔斯·史密斯牧师（Alfred Charles Smith，文学硕士）是一位卓越的博物学家，他在挪威度过了 1850 年夏天的 3 个月，那一年以及随后的一年，他在《动物学家》上发表了一系列论文，讲述了他亲身的调查，这些内容虽然并未带来任何新的事实，但增加了上文列举的证词的分量。他写道，“对于这个国家普遍相信存在的这种生物，我不放过任何机会，询问了所有我见到的人。而所有人（海军军官、水手、船工、渔民），除一个外，均断然肯定此类动物的存在，并且称反复有人在他们的海岸和峡湾中看到过。我的运气不够好，没能遇到一个宣称亲眼看到过它的人。但所有人都毫不犹豫地相信它是存在的，而且经常现身。”而且所有人对于英国人的怀疑似乎都感到难以置信，因为这在挪威人看来似乎是毋庸置疑的。唯一的例外是一位挪威官员，他嘲笑其国人过于轻信。不过，我必须要说，他之所以如此表态，并不是因为自己有任何明确的看法，而是为了在一个英国人面前展现其不可一世的城府，他立刻就确认这个英国人一定不相信这种海洋怪兽的存在。然而那个英国人显然分享了北方人的轻信性格，无法摆脱某种巨大生物栖息于北方海洋里的想法，在他看来，这种生物的存在已经得到了无数目击者的证实，而且其中的许多人都非常聪明，不可能上当受骗，人品也都不容置疑①。

1817 年，新英格兰林奈学会（Linnaean Society of New England）发布了《关于一条当年 8 月在马萨诸塞州安角现身的海洋巨兽（应该是一条蛇）的报告》。报告的撰写人在采集证据时十分谨慎，采纳了 11 名正直无瑕的目击者的证言，他们都在治安官面前宣了誓，其中一位治安官本人也见到了这个生物，并佐证证言中的一些最重要的内容。所有人都提到蛇的形状，以及深褐色的颜色，一些人还提到在头部和脖颈下方有一些白色的部分。每个人估计的尺寸不太一样，大概都在 50～100 英尺之间。大家都没看到鬃毛。它的头部被类比为海龟、响尾蛇以及普通的蛇相，尺寸与马相当。关于身体的形状，5 位宣誓者提到背部有突起，4 位表示身体是直的，2 位没有提到这一点。关于行进方式，基本都是说纵向的波浪形弯曲。“像毛毛虫一样”，或许指的是环状或几何形状的毛毛虫。那位亲眼看到的治安官认为其身体是直的，而之所以有人

① 《动物学家》（*Zoologist*），第 3228 页。

看到了突起，他认为是剧烈运动带来的纵向弯曲所致。

1817 年，还有其他目击者见证了这一怪物的现身，时间也大体一致。其中一位的证言很有价值，出现在麦库哈衣船长的报告及随后的通信中。1848 年 11 月 25 日的《波士顿每日广告商》(*Boston Daily Advertiser*) 中有一篇当地的 T · H · 珀金斯（T. H. Perkins）阁下关于自己在 1817 年安角附近的格洛斯特港亲眼见到海蛇的长文通讯。其中主要包含了珀金斯上校在 1820 年写给一位朋友的信。

“……希望能在一个分歧很大的话题上满足自己，我亲自和李先生一起前往了格洛斯特。我们下去的路上遇见了几个返回的人，他们都前往了据说有海蛇现身的地方，但他们告诉我们，过去的两三天里没有人看到它。我们还是按计划前往格洛斯特，虽然很担心无法如愿见到我们要寻找的怪兽。在和几个人见面交谈后，我了解到，之前的传言并非空穴来风。整座城镇，如你能想象的，都处于警戒状态，城里几乎每一个人，不论老少都如愿在或远或近的地方见到了它的真容。当时天气很好，风平浪静，李先生和我坐在一处伸进港湾的高地上，大约比海面高 20 英尺，我们所在的位置距水边约有 50～60 英尺……”。

“感叹片刻后，我在港湾的对面，距离我第一次（或以为自己）看到的地方大约 2 英里的地方，那条蛇，那同一个物体，正在西面的海岸，快速向港湾移动。随着它越来越靠近我们，我们能轻易看出，它的移动方式和普通的蛇（不论是水里还是陆上的蛇）不同，而显然很像毛毛虫式的上下波动。就我的判断，我一度能看到的身体长度有 40 英尺。诚然，这不是一段连续的身体，因为从头到尾（除了它在游动时明显浮出水面的部分）只是断断续续露出水面，每段有 3、4 英尺长。但非常明显，其全身的长度一定远大于浮出水面的长度，因为它游动时，身后荡起长长的水涌。”我有一副很好的望远镜，当时，我们距它大概有三分之一到二分之一英里。它的头与水面齐平，而就我看到的情况，它是巧克力色的。我惊讶于其头部的前半部分长得像一只独角，长约 9 英寸到 1 英尺，状似穿梭针。此时，我们身边已经聚集了很多人，其中很多此前已经在同样的地点见过同一个物体。从我最初看到它，到它经过我站立的地方，并很快消失，只有不到 15 或 20 分钟。

“离开那里时，我感到心满意足，之前风传的报道，尽管存在细节分歧，但基本属实。我返回波士顿，发了报道，珀金斯先生和我的女儿们都希望在那个动物再次出现时，和我一起去一次格洛斯特。几天后，我和这些女士们再次前往了安角，一路上我们都很愉快，但最初的目的未能如愿。”

“在安角时，我和很多见过这条蛇的人谈过话，其中一位是这座城镇里最受尊敬的居民之一，他叫曼斯菲尔德（Mansfield）。他对我说，几天前，他和妻子乘坐轻便马车的途中，来到一处俯瞰港湾的堤岸附近，（那里几乎是直上直下的悬崖）他看到很不寻常的景象，于是从马车上下来，然后他看见了那条海蛇，此前，他一直不相信它的存在。那个生物伸展开来，部分衬托在白色的沙滩上面，距水面 4～5 英尺，一部分身体躺在水底。他请妻子从马车上下来。他说他已经在心里估算好这条蛇的长度，但希望妻子也说出她的看法。他问她这条蛇有多长，妻子说她说不出具体尺寸，但她认为应该有他们房子后面的码头那么长，她对那座码头是很熟悉的。曼斯菲尔德先生说他也认为如此。那座码头有 100 英尺长。需要留意的是，我们谈到的这个人一直不相信这个怪兽的存在，当它最初出现在港口的消息传来时，他也没有专程去看。在那之后，我们海岸船上的几位船员也见到了这条蛇，而且相距只有几码。

塔潘（Tappan）船长是我的一位熟人，他也看到了这条蛇，它的头部高出水面 2～3 英尺，有时游得飞快，有时很慢。他还看到其前额的独角，这也呼应了我在前文描述的外形。塔潘船长看到的那个部分无疑是从嘴里向上伸出的舌头，他的描述和我看到的一样。”

“一位税务官在安角附近时，曾在相距几码的绝佳位置看到过它；它游得很慢，而当船靠近时，它突然下潜，消失不见了。”

虽然一些目击者的地位和身份增加了他们证词的分量，同时似乎排除他们被骗或骗人的可能，不过，这些事只建立在他们的眼睛之上，而由于美国人普遍存在一种夸大其词的习惯和心态，而且欺诈的花样百出，因此，当美国人描述一些不寻常或有争议的现象时，我们确实会自然而然地心存疑虑。为此，下面给出 5 位英国军官在美国海岸看到海蛇的证言，时间是上面这次事件发生后的 15 年左右。

1833 年 5 月 15 日，沙利文（Sullivan）船长、麦克拉克伦（Maclachlan）上尉及步兵旅的马尔科姆（Malcolm）、炮兵部队的中尉利斯特（Lyster）以及军械库的英斯（Ince）先生乘坐一艘小游艇，从哈利法克斯前往 40 英里以东的马洪贝钓鱼。那个早晨有些阴，风向东南偏南，而且愈来愈大。抵达切巴克托海德（Chebucto Head）后，由于船上没有舵手，我们曾认真思考过是继续前进还是返航，但商讨后，大家还是决定前进，我们的背风方向有很多港口。出发前，一位和我们一起的老战舰水手到处询问正确的航线。有人告诉他，从彭南特角旁边的布尔波克出发，一条西北偏西的航道能将我们直接带往艾伦邦德岛，那里是马宏或麦克伦堡湾的入口处。然而，他却不幸地告诉我们向西北偏西方向航行，一直到 5～6 个小时后，他才意识到自己的错误。由此，我们大大远离了海岸线。当时，我们推测航程已经过半，于是大家高高兴兴地待在甲板上，抽着雪茄，备好用具，准备挑战鲑鱼，此时，眼前突然出现了一大群似乎异常兴奋的逆戟鲸，它们的狂欢场地距我们的小船很近，船上的一些人开始兴高采烈地朝它们放枪。此时，我们正以大约每小时 5 英里的速度航行，一定正在跨越玛格丽特湾。我只是推测我们所在的位置，因为离开彭南特湾后，我们已经有一会儿没见过陆地了。突然间，我们的注意力从鲸鱼转向了别处，“这么小的鹿”，我们的战舰水手道林（Dowling）发出感叹，他当时坐在下风处，“哦，先生们，看那边！”我们应声看去，眼前的景象让我们目瞪口呆，除惊叹外，别无他想。

在距右舷船首 150～200 码的地方，我们看到了某种深海动物的头颈，完全像一条常见的蛇，它在游动，头部高高挺起，颈部向前弯曲，仿佛是为了让我们看到其身体下方和远处的水。这个生物快速经过，留下一道规律的水波，从其露出水面的前身部分以及这道水波来看，我们判断它的身长应该有约 80 英尺，这还是保守估计。不必说，我们被眼前的景象吓坏了，目瞪口呆地盯着它足足半分钟。绝非看走眼，绝非错觉，我们都非常高兴有幸目睹这条“不折不扣的海蛇”，此前，人们普遍认为这种生物只存在于某些北方船长的脑子里，而只把它当成不足信的传言。道林的感叹值得记录，“我嘛，航行的轨迹遍布整个世界，一路上也没少见稀奇古怪的景象，但这是我迄今看到的最诡异的东西！”杰克·道林（Jack Dowling）无疑说的没错。想准确判断水下任何物体的尺寸都是最困难的。我们看到的这个生物的头部大约长 6 英尺，看到的颈部也是同样的长度；它的总身长，如前文所述，在 80～100 英尺之间。颈部的粗细相当于中等尺寸的树干。头颈的颜色是深褐色，近黑色，带有不规则的白色条纹，我不记得看到任何身躯。

“这就是对那条海蛇的大致记录，而每一位看到它的人都还活着，利斯特在英格兰，马尔科姆和他的军团在新南威尔士，其余几位仍留在哈利法克斯。”

“W·沙利文，船长，步兵旅，1831年6月21日。

A·麦克拉克伦，上尉，同上，1824年8月5日。

G·P·马尔科姆，少尉，同上，1830年8月13日。

B·奥尼尔·利斯特（B. O’Neal Lyster），中尉，炮兵部队，1816年6月7日。

亨利·英斯（Henry Ince），哈利法克斯的军械库管理员。”①

接下来讲的这件事，由于目击者的身份（船长、军官、女王殿下的船员）及此事对外宣布的媒介（提交给英国海军大臣的官方报告），掀起了轩然大波，激发了巨大的兴趣，也为这个问题的调查提供了不寻常的动力。

1848年10月9日的《泰晤士报》发表了下面这段话：“麦库哈衣船长率领的代达罗斯号护卫舰从东印度群岛返航，一天，他们正航行在好望角与圣赫勒拿之间，下午4点钟，船长及多数军官和船员都看见了一条海蛇。这条海蛇出现了20分钟，然后从船尾外的方向消失。其头部似乎高出水面约4英尺，身躯在水面上呈一条直线，大约长60英尺。据推算，水面下方一定还有33～40英尺的一段身躯，通过这段身躯的推动，它以每小时15英里的速度前进。露出的身躯部分的直径约16英寸，它张开下颚时会露出满嘴锯齿般的大牙齿，那张大嘴中似乎足以站

① 这份记述发表在1847年的《动物学家》上（1715页），编辑称这篇稿件要感谢W·H·英斯（W. H. Ince）先生，后者则是从他的兄弟J·M·R·英斯中校（J. M. R. Ince，皇家海军）的手中得到了它，原文的作者是他们的叔叔，即亲历者之一的亨利·英斯先生、新斯科舍省哈利法克斯的军械库管理员。名字后面的日期是这些绅士获得各自头衔的日期，编辑不知晓他们当前的位阶。

下一个高大的男人。”

这里的有些细节后来并未得到证实，但这份报告还是激起了广泛的兴趣。海军方面立刻着手探究它的真实性，13 号的《泰晤士报》上发表了这位英勇的船长的官方回应：

“女王陛下的代达罗斯号

哈默泽，10 月 11 日。”

“长官——以下是对您本日信件的答复，您要求获知关于那份《泰晤士报》陈述的真实性的信息，其中讲到我率领女王陛下的代达罗斯号战舰从东印度群岛返航时看到一条巨大的海蛇，现在请让我荣幸地将事实情况告知与您，那是去年 8 月 6 日的下午 5 点钟，南纬 24 度 44 分，东经 9 度 22 分，天气阴暗，风从西北方向吹来，西南方向有大浪，轮船正向东北偏北方向行驶，此时，准少尉萨托里斯（Sartoris）先生看到一个不寻常的物体正从船幅的方向快速向轮船移动。他立刻向值班军官、上尉埃德加·德拉蒙德（Edgar Drummond）报告了这一发现，我当时正和他一起，还有威廉·巴雷特（William Barrett）先生，在后甲板上散步。船员们正在吃晚饭。”

“我们很快顺着准少尉的指引看去，眼前出现一条巨蛇，大约 4 英尺长的头部和肩部一直高出水面，等到它离我们足够近，我们可以将它与我们的中帆斜插进水中的长度进行对比，由此估算，它在水面上的长度至少有 60 英尺，而在我们看来，其中没有任何部分在拍水，看不出任何纵向或横向的波浪形弯曲。它快速经过，距离我们的下风船尾非常近，如果它是我的一位熟人，我一定能轻松用肉眼认出它的五官。而在它靠近我们的船只，并经过我们后方水涌的过程中，它丝毫没有改变朝向西南的航向，它的速度大约在每小时 12～15 英里，显然目标明确。”

“这条蛇的直径，在头部下方，约有15～16英寸，而其头部，毫无疑问，就是一条蛇的头部，在能通过望远镜观察到它的整个20分钟里，它的头部从未沉入过水底。其颜色是深褐色的，颈项部分有一些发黄的白色部分。没有鱼鳍，但长着类似鬃毛的东西，或者只是一丛海草，飘荡在它的身后。除我和前文提到的军官以外，看到它的还有舵工、副水手长以及当时掌舵的人。”

“我手上有一张绘图，是基于一幅刚看到它后画下的速写绘制的，希望能通过明天的邮递，提交给海军大臣阁下。”

彼得·麦库哈衣船长。

致W·H·盖奇（W. H. Gage）海军上将、汉诺威大十字勋章爵士，德文港。

德拉蒙德上尉，即报告中提到的那位值班军官，也发表了对这个生物的印象，他抽取自己日志中的一段话：“在4～6点的值班时间段，大约5点钟时，我们看到一条最不同寻常的鱼出现在我们的下风船尾方向，它正顺着西南方向，朝我们的船尾方向游来。它只露出了头部和一个背鳍，其头部又长又尖，顶端扁平，大概长10英尺，上颚明显向外突出。鳍大约位于头部下方20英尺的地方，时隐时现。船长还说他看到了尾巴，或者是另一扇鳍，在身体后方相隔同等距离的位置。其头部和肩部的上半部分看上去是深褐色的，下颚的下方有些发白。”“它一直沿着笔直的航道前行，头部与水面齐平，稍稍上扬，偶尔会在海浪中短暂消失，看上去并不是为了呼吸。其行进速度大概在每小时12～14英里之间，离我们最近时，相距约100码。实际上，它给人的感觉是一条巨大的蛇或鳗鱼。船上的人从没见过类似的生物，因此它至少是非常奇特的。肉眼可见的时间约有 5 分钟，用望远镜能看到的时间还有大概 15 分钟。当时天气晦暗，风起浪涌。”①

麦库哈衣船长在报告中提到的那幅绘图，以及另一幅从另一个角度描绘的图像，发表在了 1848 年 10 月 28 日的《伦敦画报》（*Illustrated London News*）上，“内容得到了麦库哈衣船长的审查，具体姿态和造型也得到了他的确认。”我们会在下文中分析一下这两幅画。

如前文所述，报道马上激起了广泛的好奇和兴趣。一段时间内，公共报纸上充满了非议、责难、建议以及佐证。在最后这个方面，著名的比奇船长提到他在南大西洋乘坐布罗瑟姆号航行时，见到过一次很不寻常的景象。“我看它就像一根大树的树干，但我刚要拿起望远镜，它就消失了。”

J · D · 莫里斯 · 斯特林（J. D. Morries Stirling）先生是一位绅士，也是挪威的长期居民，他与海军部秘书长联系，提供了关于这种生物存在于那个国家的海岸的重要佐证，这些证据由卑尔根的一家科学机构采集，他也是该机构的理事之一。在沟通过程中，这位作者指出，挪威的那种生物与被地质学家称为 Enaliosauri 的大型爬行动物的化石有一些相似之处：“有一些爬行动物的化石在尺寸和其他特征方面都接近于海蛇，它们的眼窝很大，还有短小的爪子和脚掌，对北方海蛇的描述与这些上古生物可能的外观十分相似。”这一重要的确认信息早在近两年前，已经由《动物学家》杂志出色的编辑 E · 纽曼先生（E. Newman，林奈学会会员）提出了，斯特林先生对此或许并不知情。

斯特林先生的通讯最有价值的部分是最后一段话：“作为这份仓

① 《动物学家》（*Zoologist*），第 2306 页。

促陈述的结语，请允许我加入自己对于一种圆柱形的大鱼或爬行动物（我不会称之为海蛇）存在的证词。3 年前，我在挪威乘坐一艘游艇，由于风平浪静，游艇停歇在卑尔根与松恩之间。我看到（在距离船尾约四分之一英里的地方）一条巨大的鱼在原本风平浪静的峡湾上掀起了波澜，仔细看去，我看到了某种蛇一般的蜷曲。我马上拿起望远镜，捕捉到三段清晰的弯曲，缓缓在水中推进；直径最大的地方约有 10～12 英寸。看不见头部，而从每一处弯曲来看，我猜其全身大约长 30 英尺。”我乘坐的游艇的船主，（他既是舵手、船员，也是渔夫，对于挪威海岸和北海相当熟悉）以及我的一个朋友、经验丰富的挪威猎手和猎杀鼠海豚的高手，也在同一时间看到了这个生物，他们对它的形状和尺寸的看法和我一样。我提到我的朋友是一位猎鼠海豚的高手，因为我知道有很多人相信，正是一大群首尾相连的鼠海豚造成了以讹传讹的海蛇假象[①]。

1848 年 11 月 2 日的《泰晤士报》上，有一位署名“F. G. S.”的作者也提到了它与 Enaliosauri 的相似之处，并特别指出它与蛇颈龙这一化石类属的相似性最大。“最大的困难之一，”这位作者观察道，“从（麦库哈衣船长）叙述的字面意思来看，必须允许打破所谓的‘海蛇’与所有已知蛇类和鳗状鱼类之间的类比，因为其不下 60 英尺的身躯在水面上以每小时 12～15 英里的速度行进，而且通过最细致和最认真的观察，也完全无法察觉任何可被视为其快速行进原因的波浪形弯曲。我们几乎不用观察就知道，不管是鳗鱼还是蛇，即便它们能在脖子抬起的状态下游动，也无法保持尾巴推进的同时，

① 《动物学家》杂志对这一未决问题有很多开诚布公的报道和讨论，令博物学获益良多。我在本章引述的不少证据都出自于这本杂志。

身体的前半部分不做摆动。”

随后，他开始探究它属于哪个纲目，他继续说道：

“从蛇颈龙已知的解剖特征（源自对有机残骸的研究）来看，地质学家推断此类动物会让脖子（一定类似于蛇的身体）高出水面，它们的行进则依靠水下大脚蹼的拍击，短小而结实的尾巴发挥着方向舵的作用。在这些特定方面，科学家们的推断与麦库哈衣的信件和绘图给出的目击资讯十分相似，这一点无须赘述。在麦库哈衣的描述中，我们能看出很多通过研究蛇颈龙的骨骼可判断出的外观特征”。短小的头部，蛇形的脖颈，高出水面几英尺的姿态，都让人无法不想起人们对那种已灭绝的生物的想象。甚至连背部特定位置的粗糙的鬃毛（完全不同于任何蛇类的特征）也呼应着一种鬣蜥，这也是被地质学家拿来与蛇颈龙类比的物种。但我尤其要坚持的一点是，这种生物独特的行进方式以及上文提到的行进速度，只能出自于某种鳍或脚掌带来的平稳推进，这些都是蛇不具备的，但存在于蛇颈龙的完美状态之中。

一位科学大师理查德·欧文教授加入了这场争论，他用一篇最有力的文章否定了这一目击生物的蛇类特征，同时根据自己的判断，明确称之为一头海豹。这个观点非常重要，无法简述，只能全文呈现：

这幅速写（将麦库哈衣船长看到的那个动物的一半身躯与一头大海豹水面下方的身体衔接起来，能看到水下的阔鳍制造出的长长的水涌）将能回答你的询问[①]，代达罗斯号上看到的怪物是否绝不可能是一个大型爬行动物？如果答案是肯定的，这会毁了整件事的罗曼蒂克色彩，而所有倾向于刺激的想象而非令人满意的判断的人都不会接受

① 《伦敦画报》(*Illustrated London News*)，1848 年 10 月 28 日。

这个观点。如果确实发现了一种新的稀有生物，我绝不会感到麻木不仁。但是，在我能享受这种喜悦之前，它必须满足某些条件，即必须有关于其存在的合理证据。我也远没有低估麦库哈衣船长为我们提供的目击信息的重要性。这些信息经过认真分析后，锁定了一个很小的范畴；但以我对动物王国的了解，我不得不从这一现象得出一个不同于那位英勇的船长仓促得出的结论。他显然看到了一只巨大的生物快速穿过水面，这个生物迥异于他见过的一切生物，不是鲸鱼，不是逆戟鲸，不是大鲨鱼，不是鳄鱼，不是能在常规航行中看到的任何大型的在水面游动的生物。他写道："当我们把目光转向那个物体后，映入眼帘的是一条巨大的蛇，"（读作"动物"）"头部和肩部一直高出海面上方 4 英尺。那条蛇（动物）头部下方的直径约为 15～16 英寸。颜色为深褐色，颈部上下有一些发黄的白色部分。看不见鳍，（船长说没有。但从他的陈述看，他并未看到整个动物的全身，因此还不能排除这一点。）""某种类似鬃毛的东西，或者只是一丛水草，飘荡在它的身后。"眼前所见的大部分身躯都没有用来推动其前进，它的身体没有纵向或横向的波浪形弯曲。对其长度的计算也完全是基于对这一野兽身份的强烈先见。比如，文中写道，其头部"无疑是一条蛇的头部"。然而，透过麦库哈衣船长提交给海军大臣的绘图，以及得到他确认的发表在 1848 年 10 月 28 日的《伦敦画报》（265 页）上的绘图，但凡任何一位通晓动物头部造型与特征的博物学家都绝不会认为那是蛇头。阁下会留意到，当船长的注意力被吸引到那个对象身上后，他马上"发现那是一条巨大的蛇"，然而近距离观察了浮在水面上的身体后，并未发现任何身体的波浪形弯曲，而这一点正是区分蛇或蛇形水生动物与所有其他海洋动物的关键因素。因此，这一不顾其硕大的拱形头颅，以及僵硬、无弹性的身躯，而预先将这一野兽当作海蛇的结论，一定影响了对其总身长的推断（“至少60英尺”）。但在我看来，要对这个生物的性质做出准确判断，整份陈述中只有这个部分很不明确，因此无法采纳。更明确的信息则包括：其头部有一个凸起，颅骨较宽，口鼻短而圆，口鼻的裂口限于眼部以下，眼睛小而圆，贴近于睑裂。颜色，上面是深褐色的，下面是发黄的白色。表皮光滑，没有鳞片、鳞甲，或任何明显的坚硬或裸露的角质。接着，船长说，“如果它是我的一个熟人，我应该能轻松用肉眼辨认出它的五官。”而他没提到鼻孔，但在绘图中，鼻子或口鼻的末端画着一个新月形的记号。所有这些都是温血的哺乳动物的特征，而完全不是冷血的爬行动物或鱼类的特征。体型长，深褐色，没有波浪弯曲，没有背鳍或其他明显的鳍。“但有某种鬃毛，或者只是一丛海草，飘荡在它的背部。”对于动物学家而言，覆盖物的特征是判断其所属纲目的最重要的因素之一。如果可以根据上文描述的覆盖物推导出这是一种有毛发的生物，同时，假设其头部的毛发很短，几乎不可辨识，只有毛发较长的地方才能看得出来，而其肩膀中线或背部上半部分的毛发最长，同时，这些毛发不是僵硬或笔直的，像鳍刺那样，而是“飘荡着的”。基于以上诠释，“某种鬃毛，或一丛海草”，这个生物不是鲸目哺乳动物，而更像一头大海豹。但什么样的大海豹，或者有没有任何海豹，能出现在南纬14度44分东经9度22分的位置（即距离非洲最南端的西海岸300英里的地方）呢？实际上，最有可能出现在那里的恰恰是海豹中最大的一种，即安松海狮，或被南方的捕鲸者称为“海象”（Phoca proboscidea），其体长能达到20～30英尺。这些巨大的海狮常见于南海和南极海洋的几座岛屿上，而且偶尔会有一头跟着冰山飘走。去年在伦敦展出的年轻的海狮，就是在这种情形下被捉到的，它被向着北方海角流动的洋流裹挟，而它的临时休息地很快就融化了。当一头象海豹（Phoca proboscidea）或南象海豹（Phoca leonina）被如此带往了远离其栖居海岸的地方。当它完成了每日对鱼类或鱿鱼的捕猎后，它不得不返回那块漂浮的冰山，停歇在这一临时的居所之上。如此，在冰山完全融化以前，它会被带往好望角所在的纬度，甚至更远。随后，这可怜的海豹将不得不全力往洄游。在这种窘境里，我想象这个生物正是萨托里斯先生在代达罗斯号上看到的那个动物，它从船幅的前面快速靠近代达罗斯号，而当它拍打着下身，让长长的僵硬身躯经过轮船时，或许是在判断能否将之作为一个临时的休息处。此时，它会抬起头，呈现出麦库哈衣船长描述和描绘的造型和颜色，同时支撑着一段脖颈，也如报告中所述的一样粗细。其粗大的脖子连接着不可弯曲的躯干，上半部分较长和较粗糙的毛发会让人们产生误解，特别是当这个生物是南象海豹的话，上文引述的相似性足以解释这一点。提供动力的器官在视线以外。胸鳍的位置很低，如我在速写中画的，主要的动力源会是位于水面以下身体末端的鳍和尾巴，这会产生长长的水涌，当人们目睹着这一诡异现象，而心里想着海蛇的样子时，很容易误认为其身后还拖着一段长度不明的身躯。

“很有可能，代达罗斯号上的所有人此前都没见过一头巨大的海豹独自游在公海上的画面。它在广阔无垠的空无一物的大海上，出乎意料地进入人们的视野，有可能会是一幅奇异而激动人心的景象，也有可能被诠释为奇迹，但是人类心灵的创造力似乎非常有限，在所有‘庞大的未知动物’被发现的真实案例中，不论它日后被证明是一群嬉戏的鼠海豚，还是一对巨大的鲨鱼，当下看到它的人无一例外，总是会将此类异象归于古代的庞陶普丹笔下的那条有鬃毛的海蛇，直到最后真相大白。”

“《韦氏学报》（*Wernerian Transactions*，第一册）中描述和描绘的海蛇的脊椎，曾有两位渔民宣誓于1808年在奥克尼群岛的斯特朗赛岛外海见过它，其中的两块脊椎骨就存放在英格兰皇家外科医学会的博物馆里，而毫无疑问，它们都源自一头大鲨鱼，属于Selache属，与称为‘姥鲨’的物种很像，身长可达30～35英尺，偶尔会在我们的海岸上搁浅，或被捕捉。”

“我并没有不合理的信心，断定自己对于代达罗斯号上的目击现象的诠释就一定是准确的。我很清楚，当一个生物‘在长长的浪涌中’快速经过（如它们所记录的）时，你很难确定它的物种或类属。即便他们的描述完全准确，完全可信，动物学家也只能将范围缩小到纲，而在眼前这个例子里，我们并不能称之为蛇或爬行类动物。”

但在我每次努力解释麦库哈衣船长的海蛇事件后，总是有人会问我，“为什么就没有大海蛇呢？”——他们经常带着一种言外之意，即，“那么，你认为深海中的奇迹并没有科学家们想象得多吗？”我们暂且抛开这一点，不论相信还是怀疑大海蛇的存在，都要有一个理由，如果这个物种的确存在，它们当然已经从最初进入地球的大海以来，繁衍很多代了。试想一下，在悠久的时间长河中，从它最初的起源，到去年的8月6日！这中间会有多少条海蛇曾经存活、死亡，并留下能作为存在证据的遗骨呢？今天的蛇都是呼吸空气的，具有多孔和空洞的肺，下潜需要用力，死后则通常会浮出水面。那么海蛇的尸体也应该是漂在海面上的，直到它腐烂，或意外撕裂厚实的表皮，让封印在体内的气体出逃。此时，它就会沉下去，如果沉入深海，就不会再被看见，直到经过漫长的岁月，当海洋变成陆地，它的遗骸才会暴露出来——这正是恐龙

被发现的过程，它们在次生地质时期被埋葬在大洋深处。活着的时候，由于需要呼吸，庞大的海蛇一定会经常浮出水面，而当尸体肿胀

身体的其他部分平伏在火的洪流上
肢体又长又大，平浮几十丈
体积之大，正像神话中的怪物
像那跟育芙作战的地母之子巨人泰坦

（译文出自网络，译注）

这样的景象表示，如果此类物种的确存在，但迄今为止，虽然有无数的航海者在海洋上沿着如此多的方向往来穿梭，却始终没有遇到过。另外还有一个更合理的推测，如果此类动物果然存在，大洋的潮汐和洋流应该会时不时将它们的尸体送上岸。我不是说完整的尸体。蛇类的脊柱结构如此独特，只要有一块脊椎骨，就足以证明假说中的欧菲迪安蛇的存在。这并不是一个过分的要求，毕竟蛇类的脊椎骨的数量比任何其他动物都多。海岸上只要出现一些此类漂泊散落的骨头，至少会引起人们基本的好奇心。然而，欧洲的所有博物馆中并没有一块比寻常的蟒蛇更大的蛇类脊椎骨。

“没有多少海岸比挪威的海岸经历过更细致的搜查，或受到更敏锐的博物学家的探索（包括萨斯和洛文的劳动）。如果所有故事都是真的，海妖和海蛇应该早在庞陶普丹的时代以前，就在那里繁衍生息，直至今日。然而，所有北欧收藏家们至今都没找到一块这样的骨头，而海洋中的庞大动物绝不会如此小心翼翼。实际上，丹麦、挪威和瑞典的博物馆中充满了各种各样的骨架、头骨、骨头和牙齿，它们来自各种各样的鲸

鱼、抹香鲸、逆戟鲸、海象、一角鲸、海豹等。可是对于任何未经描述或无法查明的大型海洋怪物，这些博物馆都没有给出任何线索。”

“我一直不断询问，波士顿、费城或其他美国城市的自然历史博古馆是否拥有此类超大型蛇类的脊椎骨，或任何能指向某种大型的未知海洋生物的特定藏品，但它们均未收获到此类标本。”

由于海蛇似乎经常出现在美国的海岸和港口附近，它甚至特地被称为“美国海蛇”；但是在每一条理应在大西洋生活和死去的海蛇的200块脊椎骨中，却没人在美国的海岸上捡起过一块。曾经有一条微小的蛇，长度不足一码，“在海岸上被杀”，似乎是“被美国安角的一些劳工”打死，（见8vo手册，1817年，波士顿，38页）以图像形式登上1848年10月28日的《伦敦画报》，最早记录在一本美国回忆录上，但这条蛇完全满足不了这个问题的条件。米切尔的囊咽鱼或哈伍德的囊鳃鳗，一个长4.5英尺，一个长6英尺，两者都不及我们海岸上的某些海鳗长，而且它们和其他的长吻合鳃鳗以及已知的小海蛇一样，游动起来，身体都会呈现波浪形的弯曲……

“科克先生在纽约和波士顿展出的脊椎骨和头骨化石，被视为源自一条大海蛇，现在位于柏林，它们实际上出自好几个不同的个体，我之前也已经证明了，它们属于一种已经灭绝的鲸类。穆勒和阿加西斯教授随后也相继证实了这一点。沃辛的狄克逊（Dixon）先生在布莱克尔舍姆的始新世第三纪的黏土中发现了很多脊椎骨化石，属于一种已经灭绝的巨大蛇属（Palceophis），他也在谢佩岛的同样地层中发现了类似的脊椎骨。这些远古的不列颠蛇类最长有20英尺，但没有证据表明它们是海洋生物。”

“第二纪地质时期的海洋蜥蜴类动物，到了第三纪的海洋中已经被海洋哺乳类动物取代。蓝色石灰岩和鲕状岩中没有发现任何鲸目残骸，而蛇颈龙、鱼龙以及所有第二纪的爬行动物，也都没有出现在始新世岩石或后期的第三纪沉淀物中或近代的海岸上。《地质学报》（第五卷，第二辑，512 页）上展示了古老的呼吸空气的蜥蜴类动物，它们死后会漂浮起来。人们从未发现过它们近期的尸体，也没发现过它们的任何碎片，第三纪河床上也没有留下它们的任何踪迹，这再次强化了那个合理推断。”

“现在来衡量一下这个问题，那种号称‘大海蛇’的物种是否存在，或者第二纪沉积物中的庞大的海洋蜥蜴类动物能否存续至今？在我看来，由于人们没有发现任何此类爬行动物近期的或非化石状态的遗骸，它们存在的可能性不大，相比之下，更有可能的是，人们只因自己对眼前的景象不熟悉，而被一种半沉半浮的快速移动的动物的浮光掠影给骗了。换句话说，由于不存在任何大海蛇、海妖或调孔亚纲动物的近期遗骸，我认为这强烈表明大海蛇并不存在，而迄今为止那些让令公众倾向于相反看法的目击证据并不可信。毕竟，相比海蛇，可能有更多目击者能向你证明世上有鬼。”①

以上就是所有在世的生理学家中最杰出的一位对这些证词的诠释。作者的权威性，再加上有如此多内在理由的支撑，毫不意外，尽管这导致事件的罗曼蒂克色彩令人遗憾地消散，但多数人仍愿意默默接受这一结论。

但麦库哈衣船长很快就回复了欧文教授：“现在我要说，它既不是一头普通的海豹，也不是海蛇。从其巨大的身长和迥异的容貌来

---

①《泰晤士报》（*The Times*），1848 年 11 月 11 日。

看，它不可能属于任何海豹物种。它的头部是扁平的，并非‘宽大的拱形头骨’，它也没有‘僵硬的不可弯曲的躯干’。这是欧文教授在仓促中下的结论，完全与那份简单的陈述不符，其中已经写到，‘我们看到的 60 英尺的身躯没有发挥推动它前进的作用，没有纵向也没有横向的波浪形弯曲。’”

“他还认为‘对这一怪物的先入之见大大影响了对其长度的计算；’这又是一个与事实相悖的结论。直到那段长身躯在距离船只最近的时候拉伸开来，直到这最重要的一点得到了充分的考虑和讨论（短暂时间内许可的讨论）之后，所有目击者才一致判定它是一条蛇，大家都很擅长于判断海中物体的长度和宽度，不可能把‘水涌’当成一个真实的物体，甚至一个活着的躯体，当时大家都很冷静，没有被冲昏头，而且距离非常之近，那绝不可能如欧文教授所想象的，是一头‘头部抬出水面的快速移动的巨大海豹在寻找失落冰川的过程中，通过水下的鳍和尾巴制造出的水涌。’”

“人类心灵的创造力在没有被征用的时刻或许非常有限，自始至终，我的目的和愿望都是为著名的博物学家们，包括这位博学的教授，提供准确的事实，而不是去夸大其词，更不会采纳任何眼睛的错觉。我恳请他相信，我不会因为老庞陶普丹为他的海蛇裹上了一层鬃毛，就为我们在代达罗斯号上看到的生物也添上类似的装饰，理由很简单，在我抵达伦敦以前，我从没看过他的文字，也没听说过他笔下的海蛇。因此，要解释这个不寻常的特殊巧合，进而解开这个谜团，必须诉诸另外的方案。”

“最后，我否认存在太激动的情况，也否认有眼睛错觉的可能。在它的形状、颜色和尺寸方面，我依然坚守那份纳入在我向海军大臣提交的官方报告中的声明内容。我将它们视作数据，供博学的科学家们在此之上练习‘想象的愉悦’，直到一些更幸运的机会降临，让我们可以更近距离地观察这种‘巨大的未知生物’——但在当前这个事件中，我可以保证它不是鬼。”①

几个月后，下面这封信出现在了1849年1月的《孟买双月泰晤士杂志》（*Bombay Bi-monthly Times*）上。这是一份非常宝贵的证词：

“我在贵刊12月30日的报纸上看到一篇文章，其中对麦库哈衣船长陈述的‘大海蛇’的真实性提出了质疑。1829年返回印度时，我曾站在皇家撒克逊号的船尾楼甲板上与那艘船的负责人皮特里（Petrie）船长谈话。我们位于好望角的西南方向，距离好望角很远，轮船航行在前往印度的正常航道上，海面平静，船速很快（7～8节）。”当时是中午，其他乘客都在吃午餐；船尾楼甲板上只有一位舵手、一位统舱乘客以及我们两人。皮特里船长和我本人在同一时刻，目光定在前方不远处的一幅惊人景象之上，关于那个浮出水面的生物，没有什么描述能比麦库哈衣船长说得更准确了。它在距离轮船35码以内的地方经过，丝毫没有改变航向。但当它与我们并排行进时，它缓缓将头转向我们。很明显，其身体的上半部分，有大约三分之一高出水面，我们能看到它向前游动时，海水在其胸部的位置产生了漩涡，但我们看不出它是如何游动的。我们饶有兴致地看着它向船尾移动，一直到它几乎消失不见，我的同伴才带着无比震惊的表情转向我，说，“老天啊！那是什么玩意儿？”很奇怪，我们完全没想到要去喊那些正在吃午餐的人出来见证这不寻常的景象。但事实就是，我们完全沉浸在眼前的画面之中，我们不

① 《泰晤士报》（*The Times*），1848年11月21日。

发一言，几乎一动不动，直到它几乎消失不见。皮特里船长是一位智慧超群之人，如今，他已经死在了航行之中。而对于当时甲板上其他人的命运，我一无所知。因此这个故事只能建立在我的没有佐证的一面之词之上，但我发誓绝无添油加醋。欧文教授推测代达罗斯号上的官员们看到的动物是一头巨大的海豹，我相信这种推测是错误的，因为我们看到这个明显相似的生物，而且看到了它除了水下很短的尾巴以外的全部身长。当它完全与船只并行时，通过将它与皇家撒克逊号（大约 600 英尺长）进行对比，我们所推断出的长度及其他尺寸，均大于麦库哈衣船长的描述。如果您对以上叙述有任何兴趣，请随意处置。这是个老故事，但确凿无疑。我不是很清楚我们当时所在位置的经纬度，也不记得准确日期，但大概是在 7 月末。——R · 戴维德森（R Davidson），主管外科医生，那格浦尔附属部队，根布蒂，1849 年 1 月 3 日。

1852 年，再次有英国军官宣称见到一种庞大的海洋蛇形动物。不过，他们的描述与代达罗斯号上看到的生物有很大差异，因而无法被视为对后者的佐证，充其量只能证明海洋中存在未知的体型狭长的庞大生物。

关于此次事件，有两种截然不同的陈述被发表出来，我在下面引述的内容出自《动物学家》；但其中一份最早发表在《泰晤士报》上。

冷溪卫队的陆军中校托马斯 · 斯蒂尔（Thomas Steele）如此写道：

“最近，我的兄弟斯蒂尔船长，九团枪骑兵，给我讲了下面这件事，他在搭乘巴勒姆号前往印度的途中看见了海蛇。我想你可能会感兴趣，这件事呼应了代达罗斯号的记述，我获得了许可，可以寄给你我兄弟信件的片段：‘8 月 28 日，东经 40 度，南纬 37 度 16 分，大约 2 点半，我们都下到船舱，准备用晚餐，此时，大副突然把我们喊上甲板，让我们看一个最不寻常的景象。大约在轮船的500码以外，出现了一条巨大的蛇的头颈；我们看到其高出水面的长度大约有16～20英尺，它还从嘴中喷出了长长的水柱；其背部有一个鸡冠样的东西，它的速度很慢，但身后留下了一道50～60英尺的水涌，仿佛拖着长长的躯体。'”船长调离航向，开始追逐它，但当我们逐渐靠近它时，它突然潜入水中。它的颜色是绿色的，带有浅色斑点。船上每个人都看见了。'我的兄弟不是博物学家，我想这是第一次有人看到这个怪物喷水。

第二份陈述出现在船上另一位军官的信里：

“如果我告诉你我们真看到了大海蛇，你一定会大吃一惊，坊间对此已经议论纷纷。当时，我们正要去吃晚饭，一位水手把海蛇出现的消息告诉了船长。我在自己的船舱里听到外面一阵喧闹，还以为着火了。我马上奔上甲板，结果在海面上看到了最神奇的景象，那画面我永生难忘，清晰如昨。它的头大约高出海面16英尺，不停地上上下下，有时会露出巨大的脖子，脖子后面有一只巨冠，状似锯子。它周身围绕着数百只鸟，起初我们还以为是一头鲸鱼尸体。”它在水面上留下了类似船只留下的水涌，而从能看到的头部和部分身躯来看，我们推测其身长一定有60英尺左右，可能不止。船长驶离航道靠近它，而当我们距离它只有一百码时，它慢慢沉入了水底。吃晚饭时，它又出现了一次。

埃尔夫登霍尔的阿尔弗雷德·牛顿（Alfred Newton）先生是一位优秀、著名的博物学家，他称自己认识以上信件的其中一位收信人，从而为此事增添了一些可信度[①]。

---

① 我添加这个注释，是因为有人为了哗众取宠，用假名发表了一些愚蠢的奇闻逸事，不当地伤害了这些目击现象的可信度。

如果不是因为喷水（另一位观察者没有提到，或许只是错觉），我会倾向于认为这可能是其中一种栖居在广阔大洋里的刀鱼。它们有高高的锯齿状的背鳍，游动时，头部会露出水面[①]。

1849年2月19日，不列颠船只巴西人号的司令官赫里曼（Herriman）先生从好望角起航，到了24日，海面无风，船只几乎刚好行驶到麦库哈衣船长见到他的怪物的地点。

“大约当日早晨8点，船长通过望远镜巡视平静、沉重、波澜不兴的海面，与此同时，轮船朝着西北偏北方向行进，他感到右正横位置，大约在西边1英里的位置，有什么东西在水面铺开了约25～30英尺的长度，能感觉到它正以弯曲有致的姿态，稳稳地远离船只。其头部似乎高出水面几英尺，某种类似鬃毛的东西飘荡在身后，而在距离尾巴约6英尺的地方，伸出了某种双尾鳍。赫里曼先生在科伦坡读到过麦库哈衣船长在几乎同样的纬度看到那个怪物的事，因此，他想自己应该也是遇到了同一个生物，或同一类生物。”他马上通知其大副朗格（Long）先生及其他几位乘客，这些人观察了一会儿后，一致认为它一定就是麦库哈衣船长看到的海蛇。因为巴西人号没有航行，赫里曼先生决定为所有疑惑画下句点，他放下了一艘小船，带着两名船员，以及一位乘客、来自阿伯丁附近的彼得黑德的博伊德（Boyd）先生，后者一直在船长的监督下扮演舵手的角色，他们逐渐靠近那只怪兽，赫里曼船长站在船首，手持鱼叉，准备攻击。不过，这场战斗并未出现船上的人们所担心的危险，因为来到近旁后，他们发现它只是一大团海藻，显然是从珊瑚礁上脱离的，然后跟着洋流飘荡到这

---

① 见亚雷尔（Yarrell）的《英国鱼类》中蒙塔古上校（Colonel Montagu）的叙述，第一卷，第199页（1841年编辑）。

里，这个纬度地带的洋流总是向西流动，同时，加上大风掀起的浪涌，使它呈现出蜿蜒前行的蛇形姿态。

“但如果不是当时轮船没有发动，赫里曼船长有机会去检查这团海藻，我们很可能又得到一份关于大海蛇的‘目击证据’，赫里曼先生自己也承认，他很可能会保持最初看见它时的印象。那些看似属于一个庞然大物的头冠和鬃毛，只是一大团浮上水面的根茎，上面还附着几块珊瑚。船长和大家一起将海藻拖上船，但当它开始腐烂后，他们又不得不将之扔回海中。他现在很后悔没把它保存在水桶中，以便日后在泰晤士河上展出，那条河上的蒸汽船和潮汐带来的波浪很可能让它呈现出相似的效果。”①

如此，对于这种人们观察到的现象，又出现了一种意料之外的新诠释；而近期以来，这一诠释又有复苏之势。因为卡斯提尔人号的哈林顿（Harrington）船长在1858年2月5日的《泰晤士报》上发表了一份声明，为海藻假说的又添了一份见证。

这份声明的措辞借鉴自船上存放的一本《气象杂志》的某篇文章，最早的版本是寄给贸易部的。哈林顿船长及其大副和二副都证实了声明的真实性。

“卡特提尔人号，1857年12月12日。圣赫勒拿岛的东北端，距海岸10英里。午后6∶30。大风、多云，船速约每小时12英里。当时，我和军官们站在艉楼的下风舷，向着岛屿张望，突然看到了一只巨大的海洋生物，其头部在距轮船20码的位置露出水面，然后又消失了约半分钟，接着再次以同样的姿态出现，我们能清楚看到它的头颈，大概有

① 《太阳报》（*Sun*），1849年7月9日。

10～12英尺露出水面。其头部的形状像一个长长的纺锤形浮标，我猜直径最大的地方有7～8英尺，卷轴式的、松弛的皮肤从头顶向下包裹起来，长约2英尺。”从其头部开始，水面有大约几百英尺的长度都呈现为不同的颜色，以至于刚看到时，我还以为轮船开进了碎波区域，我想可能是我上次经过这座岛屿以后，一些火山灰熔岩导致这种碎波情形，但定睛再看，我完全驱散了这一担忧，我们确定那种颜色的变化只是因为这个体型非常长的怪物，它似乎正缓缓朝陆地游去。当时船速太快，我们没有足够的时间爬上桅顶，准确估计它的长度，但从甲板的位置看去，我们相信它一定超过200英尺。而在艏楼上观察它的水手长和几名其他船员说它的长度是轮船的两倍以上，这样的话，它就得有500英尺长。不论如何，我已经相信它一定属于蛇类，其头部是一种深颜色，还有几个白块。当时轮船已经扬起了风帆，调头有风险，我们只好将这头深海怪兽抛在脑后。

乔治·亨利·哈林顿（George Henry Harrington），司令官。

威廉·戴维斯（William Davies），主官。

爱德华·威勒（Edward Wheeler），副官。

很快，北京号的弗雷德·史密斯（Fred Smith）船长就对这份陈述给出了回应：

“1848年12月28日，南纬26度东经6度，几乎风平浪静，我们在左舷正侧面看到了大约绵延半英里的奇特景观。通过望远镜，我们能看到其巨大的头部和颈部，上面覆盖着长长的蓬乱的鬃毛，上上下下，时隐时现。船上的人都看到了，也都肯定它是一条大海蛇。我决定一探究竟，我们放下了一条小船，我的大副和其他四个人登上小船，他们带着一条长长的细缆绳，以备不时之需。我焦急地看着他们，而那头怪兽似乎未发觉他们的靠近。最终，他们接近了它的头部。”他们似乎有所犹豫，但接着就拿出缆绳忙碌了起来，那头怪兽从头到尾一直垂着头，看得出其体型超长。不一会儿，那艘小船开始向我们的轮船划来，怪兽在后面缓缓跟着。大约半小时后，小船回到轮船边上，我们将吊索挂在大桅下桁上，把它吊上了甲板。吊在半空时，它显得有些柔软，但通体覆盖着蛇皮般的藤壶，大约 18 英尺长，我们花了一些时间把它拖上甲板，最后发现它只是一团巨大的海藻，长 20 英尺，直径 4 英寸。根部在水中时就像动物的头部，海浪的波动则让它显得栩栩如生。几天后，它干透了，变成一根中空的管子，而且散发出刺鼻的气味，我们最后把它扔下了海。当代达罗斯号返回，并声称发现了大海蛇时，我刚来到英格兰不久，就我的记忆，那几乎是在相同的地点，因此我相信他们看到的无疑就是那同一团海藻。它看上去非常像一头活的怪物，如果不是我派出一条小船前去探究，我一定也会认为自己见到了大海蛇。

最后的这个责难召唤出了“英国皇家舰队代达罗斯号的一位军官”，后者的证言排除了这个著名例子的海藻假说。我不必全文引述，下面这几句就足够了：“从皇家军舰上看到的那个物体绝对是活的动物，它快速穿行在激浪翻涌的海面上，水在其胸前激荡起来，它的速度大约在每小时 10 英里左右。麦库哈衣船长的第一个念头就是去追赶它……但他马上意识到，我们无法调头转向它，即便能调头，我们也赶不上它”。因此，我们什么也做不了，只能戴上望远镜，仔细观察它，看着它从我们的下风船尾处经过，向上风向游去，我们与它最近的距离不到 200 码；它的眼睛、嘴巴、鼻孔，它的颜色和形状，都清晰分明……我的印象是，相比蛇类，它更像某种蜥蜴，因为它的移动是平稳连贯的，仿佛是依靠鳍的作用，而非任何扭动的力量[①]。

更多信件随之而来，但没有带来任何重要证据，除了史密斯船长表示，他在海里捞起的海藻的直径，“在剥离掉外部奇异的活的附着物之前”，有 3 英尺。

至此，我们已经累积了大量证据。现在我要一一检验它们了。但在检验过程中，我要排除掉所有挪威人的目击证言，排除掉关于马萨诸塞州 1817 年事件的证言，以及之后的法国和美国船长的种种陈述。下面我只考虑有明确身份和地位的英国人的目击证言，其中多数都是皇家军官：

(1) 1833 年，5 名英国军官在哈利法克斯看到那个生物。

(2) 1848 年，麦库哈衣船长和他的军官们在代达罗斯号上看到它。

(3) 比奇船长在布罗瑟姆号上看到类似的东西。

(4) 莫里斯 · 斯特林先生在挪威的一道峡湾里看到它。

(5) 1829 年，戴维德森先生在皇家撒克逊号上看到它。

(6) 1852 年，斯蒂尔船长等人在巴勒姆号上看到它。

(7) 1857 年，哈林顿船长和他的军官们在卡斯提尔人号上看到它。

通过仔细比对以上独立叙述，我们可以总结出该生物具备以下特征：

(1) 基本呈蛇形（1、2、3[②]、4、5、6、7）。

(2) 很长，逾 60 英尺（1、2、5、6、7[③]）。

(3) 头部类似于蛇（1、2、5、6、7[④]）。

---

① 《泰晤士报》(*The Times*)，1858 年 2 月 16 日。
② 比奇船长看到的时间太短，没有太大价值；他将自己看到的物体类比为树干，至少这一点与蛇形相符。
③ 200～500 英尺（7）。
④ “像长长的纺锤形浮标”（7）。

(4) 颈部直径在 12～16 英寸之间（1[①]、2、4、5）。

(5) 头部（7）、颈部（6）或背部（2、5）有附属物，类似于鸡冠或鬃毛。（细节差别很大。）

(6) 深褐色（1、2、5、7），或绿色（6）；白色条纹或斑块（1、2、5、6、7）。

(7) 在海面上游动（1、2、3、4、5、6、7），速度很快（1、2、5）或很慢（4、6、7），头颈部向前探出，并高出水面（1、2、5、6、7）。

(8) 行进平稳连贯；身体笔直（2、5、6），但能产生涡流（4）。

(9) 像鲸鱼一样喷水（6）。

这种巨大的海洋漫游者可归类为哪一类已知物种呢？首先，它是不是动物？海洋中确实存在庞大的海藻，而且也会展现出上文描述的一些特征。而在其中两次目击中，被认为是“海蛇”的物体最终都被证明只是漂浮的海藻。分开的倒立的海藻根茎在海浪中隆起，貌似头部，而叶片（其中一个例子）以及大量附着的藤壶（另一个例子）貌似在水中向后冲刷的蓬松的鬃毛。

但是当然，视野一定很模糊，很不清楚，才会将半沉半浮的物体误认为活的生物；在那两个例子中，估算出的距离都是半英里。（见赫里曼船长和史密斯船长的叙述。）

但在麦库哈衣船长和戴维德森先生的例子里，出现这种误判的可能性就非常小了，那个物体以 10～12 英里每小时的速度穿行在水中，头颈都高出水面，而且麦库哈衣船长和戴维德森先生都看得非常清楚，前者与之相距 200 码，后者相距 35 码。因此，我们应该可以合理地排除

---

① “相当于一棵大小适中的树”。

掉海藻假说。

而在动物当中，脊椎动物门是唯一可能的假设。但它到底属于哪个纲呢？鸟纲可以排除，但哺乳纲、爬虫纲、鱼纲，到底是哪个呢？都不能完全排除。在这几个纲中，都存在体型庞大的、狭长的、在海中遨游的物种，它们各自也都得到了不同权威的背书。

现在我们来看一下哺乳纲。欧文教授持这一看法——他对于一个动物学问题的见解几乎等同于公理。我相信，如果我敢于检验我如此尊敬的一位教授的结论，不应被指责为妄自尊大。的确，他的推论仅是直接基于代达罗斯号的那个生物做出的。但我们不但应考虑那个备受瞩目的例子，也必须考虑一些其他的真实性很高的例子。

欧文教授如此总结该生物的特征："头部有突起，颅骨较宽，口鼻短而圆，口鼻的裂口仅限于眼部以下，眼睛小而圆，贴近于睑裂。颜色，上面是深褐色的，下面是发黄的白色。表皮光滑，没有鳞片、鳞甲，或任何明显的坚硬或裸露的角质。没提到鼻孔，但在绘图中，在鼻子或口鼻的末端有一个新月形记号。体型狭长，深褐色，没有波浪弯曲，没有背鳍或其他明显的鳍，但有某种类似鬃毛的东西，或者只是一丛海草，飘荡在背部。"

这些特征的前半部分是"温血哺乳动物的头部特征；完全不是冷血爬行动物或鱼类的特征"。将背部模糊看到的东西比作鬃毛或海藻，似乎在暗指它生有毛发。而根据这一解释，教授判断这个生物并非鲸类动物，而是一头大海豹。

现在可以看出，欧文教授的这一结论更多是基于绘图，而非麦库哈衣船长的口头描述。而如果那些绘图是现场临摹的，并且有高明的动物学家指导，那么，如此使用它们就再合理不过了。但情况并非如此，人们显然忽略了这个事实：它们并非现场临摹。在发表出来的绘图中，只有一张是一开始画下的；而且是在"看到那个动物之后马上画下的"[①]。也就是说，其中一位会画画的军官立刻下到船舱，试图重现刚刚看到的生物。

在这种状况下画出的图像，我们能指望什么呢？那位画画的军官当然不是动物学家，否则，我们得到的将是一份动物学家的报告。那么，这样的一幅画有任何价值吗？当然有，而且很大。它无疑是对所见物体的大致外观的较为忠实的呈现，但仅此而已。画面给出它的造型、姿态和颜色，以及这位观察者清晰留意到并记在脑子里的一些细节。但可能有大量细节仅仅是基于猜测加上的。当一个人描绘眼前的事物时，他能够衡量线条、曲线、角度、相对距离等，他会不断抬眼去确认这些细节，然后一个一个仔仔细细地画下来。但那位会画画的军官候补生完全没有这个条件，他充其量只有一些关于那个原物体的生动、但势必很模糊的印象。谁能观察几分钟，就把全部细节记在脑中？而且是在非常兴奋的情况下。他并非专业而冷静的画家，也不是被专门叫来描绘那个物体的。最可能的情况是，直到那个物体消失之后，这位军官才想起来要把它画下来，因此，他并未做出准确的观察，而只有满心的惊奇。他坐下来，握起铅笔，大概三两下就把大体轮廓画了出来。接着开始处理细节，比如口鼻和面部角度，他笔下的形象一定会有某种面部角度，一些口鼻的轮廓，但他或许并未特别注意这一点。这时候要怎么办呢？原物已经不在眼前，他没法抬眼确认。他在草稿纸上画了两三种头部造型，然后可能让一位兄弟军官看了看，问他"你觉得哪个最像？"然后把决

① 放大的头部图像无疑源自专为《伦敦画报》绘制的其中一张图，因此没有任何独立价值。

定好的部位画在他的速写上面，诸如此类。

不常画画的人可能认为我言过其实了。但我并没有。我自己有近40年在现场临摹动物的经验，公众可以评判我描绘眼前事物的能力。但我很确定，如果我被要求画出一个我不熟悉的对象，而且只让我看15分钟，整个过程中都不知道要画下它，那我在细节上的表现应该和我推测的这位军官的表现没什么两样，顶多能做到50分。请读者们试一下吧。找一位你的熟人，你知道他很会画画，但不是专业画家，而且他从来没有留意过花卉。带他到你的温室里，给他看一些非常漂亮的盛开的花，让他看上十分钟左右，但不要告诉他你在想什么，然后把他带进你的画室，准备好纸和颜料，对他说，“给我画一幅你刚看到的花！”等他画完后，你拿去找一位植物学家，让他说出画中的物种及类属特征。或者拿去跟原物对比，看看在大体一致的情况下，有多少差异，有多少细节上的离谱错误。

由此我们就知道，代达罗斯号上的那幅素描对细节的把握有多不尽如人意了；特别是上面我用斜体标出的部分。而这些都是主要被用来证实其哺乳动物性质的特征。其中一些特征在200码的距离下是不可能看清楚的。我说“主要”，是因为还没考虑那个鬃毛式的附属物。这当然是一个十分倾向于哺乳动物的特征，而且是海豹类的哺乳动物；至于它能否决定这个问题的答案，让我们来检视一下。

在我看来，两幅大图（即这个生物身在海中的画面）的头部都不像海豹；我也没看到“拱形的头颅”。头部的顶端并未高过颈部的顶端平面；换句话说，头部的纵径和颈部是一样的，而后枕骨的横径似乎远大于颈部。没有任何海豹是这样的，但这是鳗鱼、许多蛇类及一些蜥蜴类的典型特征。请读者对比一下《伦敦画报》（1848年10月28日）与亚雷尔《英国鱼类》中的宽鼻鳗鱼（编辑，第二卷，396 页）。这种石龙子科的蜥蜴（比如牙买加巨草蜥）的头部并非完全不像画中的样子；它完全是拱形的，同样短，但有一点尖，面部角度较平。在这一点上，船长的说法纠正了那幅图画；在给欧文教授的回应中，他明确宣称“其头部是扁平的，没有宽阔的拱形头颅”；而德拉蒙德上尉也在发表于这一指责之前的描述中说，“头部……很长、很尖，顶部很平，约长 10 英尺，上颌明显向外凸出。”

说到“鬃毛”。象海豹是唯一一种能在尺寸上匹敌那个代达罗斯号生物的海豹，其身长能达到 20～30 英尺。军官们称那个生物仅水面上可见的部分就超过 60 英尺，但欧文先生认为（没有断定）行进中的水面动荡造成这一长度的错觉。但他们到底高估了多少呢，假设两者都少于 30 英尺吧，这也是象海豹的极限身长。即便如此，它依然不可能是此类海豹，原因如下。海豹前爪的位置位于从口鼻开始的全身长度的三分之一处。也就是说，如果一头海豹身长 30 英尺，其前爪应该位于口鼻下方 10 英尺的地方。但那条“蛇”有 20 英尺探出水面，却没看到鳍的迹象。德拉蒙德认为其头部的尺寸有 10 英尺（那幅画中的形象也与此相符，从这幅画来看，其全身长约 60～65 英尺长），此外，还有同等长度的颈部露在外面。

但象海豹完全没有鬃毛。我们只能诉诸其他物种，即海狮。而海狮有两种，北海狮（Otaria jubata）和 Platyrhynchus leoninus；这两个物种之间也存在一些混淆。但不论哪一种，身长都不会超过 16 英尺，游泳时，最多能有约 5 英尺的身体探出水面。好吧，就算那些英勇的军官在眼中大大放大了这些狮子般的海豹的尺寸，恐怕依然不能成立。因为这些动物的鬃毛很长、很浓密，且位于后枕骨和颈部，如同狮子一样。但那条“蛇”的鬃毛并不在那个位置，而是“大约位于头部后方 20 英尺的地方”，德拉蒙德上尉如是说；“飘荡在它的背后”，麦库哈衣如是说。

因此，我可以毫不犹豫地说，就我们目前掌握的数据来看，海豹假说是站不住脚的。

它并非完全不可能属于鲸类动物。我想不出任何理由，为何这个目中不能有一种体形狭长的动物。斯蒂尔上校在证言中称他看到的动物在喷水，这一点恰好符合这个方向。

关于它可能是一种鱼类的假设，曼特尔博士和梅尔维尔先生[①] 认为代达罗斯号上看到的那个生物或许是某种鲨鱼。

毫无疑问，曾经被巴克莱博士视为挪威海蛇的那个备受瞩目的斯特朗赛的生物实际就是一条姥鲨。但是将麦库哈衣船长的画像和描述与鲨鱼相提并论，未免过于牵强了。

但还有带鱼中的一些种类，比如白带鱼（hair-tail）、Vaegmaer 和皇带鱼，均尺寸巨大，且都是宝剑式的细长造型。有好几种也出现在北大西洋地区，而且不论它们出现在哪里，总会激起人们的惊奇感和好奇心。所有这些带鱼都长有背鳍，但在其他方面，它们与上文的描述都没有太多呼应。而且它们有一个最醒目的特征，即表皮类似于光亮的钢具或银具。

还有一种大得多的可能，即海洋中或许存在某种体型巨大的鳗鱼品种。我们熟悉的康吉鳗，最长能达到 10 英尺。麦库哈衣的图像确实会让我想起鳗鱼；会不会它的胸鳍太小，在那么远的距离下看不清楚，或者胸鳍的位置比平常更靠后一些。

---

① 见《动物学家》（*Zoologist*），第 2310 页。

不过，公众普遍还是将这一海洋生物归为了爬行动物，而它公认的“海蛇”称号也足以指出它在多数人心中相近的动物属性。接下来就让我们来检验一下它作为蛇的依据。

海洋习性方面完全没有问题。在印度洋和太平洋，有数不清的真正的蛇类（Hydrophidce）就完全生活在海里。据称它们基本都待在海面上，而且睡眠很沉，有时，甚至轮船的经过也不能把它们吵醒。

没有一种此类蛇的身长会超过几英尺，而且就我们所知，它们从不会出现在大西洋里。但也有一个不寻常的记录显示，有人在北大西洋中心地带见过一条蛇。《动物学家》（1911 页）发表过一篇署名“S·H·萨克斯比（S. H. Saxby），苯教教堂，怀特岛”的通讯，其中摘取了一篇来自他的一位近亲的航海日志：1786 年 8 月 1 日，库尔将军号轮船，北纬 42 度，西经 23 度 10 分；即亚速尔群岛的东北边不远处。情况如下：“一条巨大的蛇经过了轮船：看上去有 16～18 英尺长，身围 3～4 英尺；背部颜色较浅，腹部为黄色。”航海日志中记载，当时轮船因无风而无法前进。萨克斯比先生确认了这份陈述的真实性，并表示欢迎所有人查看原始日志。这一点大大加强了事件的价值，而观察者没有指出它与那种挪威龙存在关联：他称之为“蛇”，仅此而已；尺寸本身似乎让人吃惊，“16～18 英尺”，但还算不上太夸张。

总体来看，我倾向于接受这是一条真正的蛇，大概是森蚺，已知最大的一种蛇，它有水生习性，可能是被其中一条南美洲的大河冲进海里，然后被湾流带到当时被发现的地点。如果这个结论是合理的，它对于我们对那种庞大的未知生物的指认起不到任何帮助。

我不认为观察者们看到的那个生物“无疑是一条蛇”的说法有多少

价值。对于不习惯于区分动物之间的特征的人而言，这样的类比往往是含糊不清和存在缺陷的。不论怎样，它们的价值都是负面多于正面的。举例来说：如果一位接受了通才教育、但并非博物学家的人告诉我，他看到了一种生物，其头部“完全和蛇一样”。我的理解会是，那个头部应该不属于寻常的野兽，不是鸟类，也不是普通的鱼类。但我完全无法断定它到底是一只蜥蜴还是一条蛇。我甚至会怀疑，如果我让他看一些动物的头部，甚至某些鱼类的头部，他会不会告诉我，“没错，就跟这个差不多。”

似乎并没有足够的证据显示，代达罗斯号以及其他轮船上看到的巨型生物就是动物学家所称的蛇。它似乎有狭长的圆柱形身躯，但就大家的描述来看，它也有可能是一条巨大的鳗鱼，或纤细的鲸鱼，或任何其他东西。所有的类推和概率都在否定它是一条蛇。

下面就剩下纽曼先生、莫里斯·斯特林先生和“F. G. S.”[①] 的假说了，即这种所谓的海蛇最类似于一种非凡的生物，即孔调亚纲，或曰海鬣蜥，人们在鲕状岩和蓝色石灰岩中发现了大量此类动物的骨骼化石。蛇颈龙的形象，如安斯特德（Ansted）教授在他的《古代世界》中重建的，其宽大和拱起的头部都不亚于麦库哈衣船长给出的图像；除了那些图像中的口鼻更短小以外，相似度非常高。其头部衔接在颈部末端，颈部由 30～40 块脊椎骨组成，而从其长度、纤细度以及灵活性来看，一定正好呼应着蛇的身躯。其蛇身般的颈部平缓地衔接着紧凑而相对纤细的躯干，躯干上长着两对脚蹼，很像海龟，躯干的末端是一段逐渐变尖的尾巴。

---

① 见上文，第 318、320 页。

如此，如果能见到活的蛇颈龙，你会在水面上观察到它几乎全部的身长，当它快速拍水前进时，不会有任何身体的波浪弯曲，而其拍水的器官，即水下强大的脚蹼，完全不可见；其整个蛇形的颈部大概会前倾，并承载着一颗爬行动物的头颅，眼睛是一个不大不小的孔洞，嘴裂不会超过眼睛的位置。另外，它的身上没有鳞片、鳞甲或任何硬化的覆盖物，只有一层柔软的表皮，大概是黑色的，很光滑，像鲸鱼一样；为这个生物赋予大约60英尺以上的身躯后，你就能想象代达罗斯号上的人们感受到的惊奇了。鼻孔在头顶意味着，当这个生物从深海浮出水面时，可能会像鲸鱼一样喷水——有目击者提到了这一点。

我必须承认，我自己更愿意勉强接受这个假说，而非前文中的任何其他提法。并不是说，我能肯定这种生物就是蓝色石灰岩中发现的那种蛇颈龙。在已发现的蛇颈龙化石中，没有一具超过35英尺，刚达到船员们描述的尺寸的一半。我不应认为有任何物种，甚至有多少类属，能从鲕状岩的时代存续至今。而承认孔调亚纲一直延续至今，我认为，将与普遍相似性相符，并有望出现一些重要的类属修正，这种修正或许就整合了几种已灭绝生物的凸出特征。比如，鲜为人知的上龙身上就有一些蛇颈龙的特征，只是没有其超长的脖颈，但它的身体尺寸远超蛇颈龙。那么，有没有可能，那种现存的物种大体属于蛇颈龙，但拥有了上龙的庞大尺寸呢?

这个假设在结构上似乎没有任何问题，除了“鬃毛”或飘荡在身后的附属物——这一特征出现在了许多关于这一现代生物的证言中。不过，这个难点在于不了解，而非矛盾。我们并不知道那种海生爬行动物的光滑皮肤上是否有此类附属物，但我看不出为何一定不会有。我能提出的一个最相近的例子是栖息在澳大利亚的一种陆地蜥蜴伞蜥蜴，其狭长的脖子下方生有一层有趣的褶边薄膜，张开后仿佛很大的翅膀或鳍[①]。

不过，两个重要的论点干扰了我们认为孔调亚纲仍存在于世的看法；这两点也是欧文教授极力提出的。首先，此类生物不可能从第二纪的时代延续至今；其次，博物馆里没有任何此类动物的遗骸或非化石的骨骼。

对于古生物学细节的无知让我很难有信心触碰第一点，特别是在一位如此重要的权威人士表达了他的观点之后，但我还是要谨慎地说一两点看法。

似乎没有任何先验的原因能解释为何早期的生物无法存续至今。而很多例子也已经证实，一些从地质学意义上看远比孔调亚纲更古老的动物依然存在于世。最早的鱼类是盾鳞鱼，而不寻常的是，这种鱼类不仅依然大量存在于世，而且当今体型最大的鱼就出自这个目，即鲨鱼和鹞鱼。而且，这些生物的突出特性远未与原始物种拉开距离。银鲛属出现在了鲕状岩、威尔顿岩和白垩岩中；然后消失在了一切第三纪地层中（或没有发现），但随后，它又重新出现在（虽然很罕见）现代海洋中。如今，银鲛属的两种相应的物种分别栖息在南北极的海洋中。

现在，我推测孔调亚纲的情况也是一样。它们出现在了鲕状岩和白垩岩中，第三纪地层中没发现它们的踪影，如今，它们又非常罕见地重现在现代海洋中，并体现为了两种或以上的物种，栖息在北方和南方的海洋中。

---

① 直到写完这段话我才注意到，伞蜥蜴的褶边与汉斯·埃格德（Hans Egede）画的海蛇身上的鳍多么相像（复制在 1848 年 10 月 28 日的《伦敦画报》上的绘图）。

在爬行动物中，有一种有趣的河龟，称为鳖，它们的特点是脖子很长，龟背的边缘很宽，尾巴短小。它们最早出现在威尔顿岩中，但在随后的地层中没有任何踪迹，直到近期，我们在密西西比河、尼罗河及恒河中都发现了巨大而凶残的相关物种。

更有意思的是，禽龙，一种与蛇颈龙和鱼龙同期的庞大的蜥蜴类动物，虽然在第三纪没有发现与其相关的物种，但其造型却很好地延续在美洲热带地区现存的鬣蜥身上。

鬣蜥当然不是禽龙，但这两种生物的关系很密切。我不是说所谓的海蛇就是蛇颈龙，而是说，它是一个与那种远古生物有着相近关联的物种。比如，禽龙退化成（我说的是类型，而非物种）身材娇小的鬣蜥；蛇颈龙没准进化成了体型庞大的海蛇。

《动物学家》中的一位通讯员引述了大权威阿加西斯教授的话，指出孔调亚纲动物是有可能存在于世的。据称，那位古生物学家表示，"如果此类动物生存于当今的美洲海洋里，这将完全符合相似性，他发现有大量新世界的生物呼应着旧世界的化石生物。他举了西方河流中的颚针鱼的例子，并表示他在近期到访苏必利尔湖时，识别出了一些鱼类，属于如今在欧洲已灭绝的类属。"

这方面其实还有一份真正的证言，而且不能说不重要。爱德华·纽曼先生在我刚引述过的同一册《动物学家》中称之为"无论从哪个方面看，都是21世纪最有趣的博物学事例"。他写道："乔治·霍普（George Hope）船长阁下说他在搭乘皇家海军舰队的飞翔号在加利福尼亚湾航行时，风平浪静，海水澄澈，他在水下看到一个巨大的海洋生物，其头部和整体形象都像鳄鱼，* 只是脖子长很多，它的脚是四个巨大的脚蹼，有些像海龟，前面的一对比后面的一对大。整个生物非常清晰，它的每一个动作都能轻松看到。它似乎正在海底追逐猎物。移动的姿态有点像蛇，身体中有一个环状的部分清晰可见。霍普船长在同大家谈话时说出了这个故事。当我听一位在场的绅士转述这些话时，我曾询问他。”

马歇尔（Marshall）先生在其刚出版的趣味横生的《缅甸四年》（Four Years in Burmah）中提到，他见过一条45英尺长的“鳄鱼”在伊洛瓦底江里游动，其整个头部和近一半的身躯都在水面以上。他很确信，其游速至少有每小时30英里，而且是在逆着汹涌的潮水前进！这到底是什么呢？显然不是鳄鱼，因为已知最大的大型爬行动物是恒河鳄，尺寸刚超过这个长度的三分之一。迪梅里（Dumeril）和比布龙（Bibron）记录下的最大的此类鳄鱼，长5.4米，即约17.5英尺。

“霍普船长是否熟悉那些不寻常的化石生物，鱼龙和蛇颈龙，这些生物的外形与他描述的那种生物非常相似，但我无法知晓他听没听说过它们，他只提到鳄鱼与这个生物有一些相似。”

现在，除非这位官员撒了个弥天大谎，他看到的生物一定就是孔调亚纲的动物，既一种巨大的海洋爬行动物，外形为蜥蜴状，拥有海龟式的脚蹼。遗憾的是，目击者甚至没有给出其大概尺寸。但鉴于他用鳄鱼来做类比，有可能尺寸也大体相当。也就是说，它的身长应该在12～15英尺之间。

J·E·格雷（J. E. Gray）博士很久以前就说过，他认为一些未经描述的物种存在于世，此类物种的外形介于龟与蛇之间。“有充分理由相信，从基本结构来看，存在一种介于龟与蛇之间的物种，但完全将它们统一起来的类属，目前欧洲的博物学家们还一无所知，但想想每天人类会发现多少种此前未经描述的生物，这一点也就不那么难以接受了。麦克利（Macleay）先生认为这两类物种可能以肖的长颈龟的形式统一起来；但是长颈龟所属的类属似乎是对龟与鳄鱼的统合。如果我可以据我观察到的结构特征做一番推测的话，我倾向于认为，这种联盟的一方最有可能是某些与软皮肤的海龟或河龟关联的新发现的属，而另一方即海蛇。”①

我不认为仅仅因为在我们这个纪元，孔调亚纲动物普遍被鲸鱼取代，或因为在第三纪地层中没有发现孔调亚纲动物的化石，就足以证明它们不存在于现代的海洋之中，而只因如今盾鳞鱼和硬鳞鱼普遍被圆鳞鱼和栉鳞鱼取代，而第三纪地层中没有发现前两种鱼类的化石，就认为它们已经灭绝——这已经被证明是错误的。

一定不要忘了，达尔文先生曾经合理地强调，我们如今发现的化石物种还不完善。它们只是在一场几乎毁灭一切的浩劫中，意外经由适宜的环境保存下来的碎片而已。孔调亚纲的动物在第二纪地层中尤其丰富，而到了第三纪，它们有可能变得非常稀少，因而未能保存在这些碎片之中——但并未完全灭绝。我基于地质学的前提，以地质学家的方式来推理——保留了自己对于年代错误的确信，这并不妨碍此论点。

但欧文教授还强调我们没发现此类动物的任何可认定的近期遗骸。下面让我们先通过假设、再通过事实来检验这一点。

或许生有多孔肺部的蛇类死去后会浮起来，然后会被航海者发现，或被海浪送上岸，随后，其特定的骨骼也一定会被人发现。但是，如前文所述，我完全不认为这种未知生物是动物学意义上的蛇。

---

①《爬行动物属概述》（*Synopsis of Gen. of Reptile*），出自 Ann. of Philos，1825 年。

蛇颈龙死去后会浮起来吗？我想不会。它应该与鲸鱼存在相似性。而只要鲸鱼的鲸脂被去掉后，它会像铅块一样沉入海底；鲸鱼会浮起来完全是因其表面的脂肪。但我们无法确定蛇颈龙的周身也环绕着这样一层厚重的脂肪，没有一位地质学家提出过这样的看法，其长长的脖子也与这一点相悖。而如果没有这一层脂肪，蛇颈龙死去后势必会下沉，而非浮起。因此，此类尸体的搁浅，或此类骨架被冲上岸的情况会非常少见，哪怕这种生物像抹香鲸一样多；但如果此类物种本身已接近灭绝，这样的情况恐怕一千年也难得一遇。还有一点，能区分孔调亚纲与鲸鱼的脊椎骨的人到底检视了多少海岸线？我认为我们不应过于重视这个否定观点。

唯一可被视为经常发现此类未知怪兽的地方就是挪威的海岸。非常幸运，那片海岸已经进入了文明人和科学家的视野；而且的确，目前并没有庞大的蛇类或蜥蜴类的尸体出现在海岸上。但是，或许挪威是世界上最难出现此类丢弃物的地方。因为整个挪威很少有沙滩或砾石滩；所有海岸线几乎全是岩石；犬牙交错的峡湾高耸在海边，通常刚开出船去，水深就能达到 50～300 英寻。就算有一具尸体或骨架浮上水面，它又怎么能在这种情况下搁浅呢？

接下来，我要说事实。是否所有的大型海洋生物都有尸体或骨架出现在了海岸上呢？包括鲸鱼，它们拥有能确保漂浮起来的鲸脂，骨骼也浸透了油脂，仅仅比水稍重一点，但我们能说我们发现了每一种鲸鱼搁浅的尸体吗？

1825 年 9 月，一头鲸鱼搁浅在法国海岸，那是一头此前博物学家一无所知的鲸鱼。很幸运，它得到了一位著名动物学家德布兰维尔（De Blaninville）的检查。也因此，它的解剖过程得到了认真的研究。

它被颂扬为了阿弗尔的无牙鲸鱼。然而除此之外，再没有另外一头此类物种被记录在案。如果不是因为这次的意外，这样一种栖息在英吉利海峡里的鲸鱼仍将不为人知。

还有另一种鲸鱼（Diodon Sowerbyi），也是英吉利海峡的鲸鱼，我们对它的所有认识都建立在一头搁浅在埃尔金海岸上的个体之上，博物学家索尔比（Sowerby）见到并对它进行了描述。

有一种抹香鲸（Physeter tursio）被证实经常出现在设得兰群岛上；它们体型庞大，长 60 英尺，脊背宽广，很容易与所有其他鲸鱼区分开来，而老西巴尔德（Sibbald）介绍，它们的解剖构造也十分不同。然而，现代科学的观察者们至今未俘获一头此类庞然大物；动物学家们本身对于高鳍抹香鲸到底是迷思还是真实存在的物种，至今仍有不同意见。

拉菲内克·斯马尔兹（Rafinesque Smaltz）先生是西西里岛的一位博物学家，他描述过他在地中海见到的一头鲸鱼有两个背鳍。由于这个特征很不寻常，他的说法并未得到认可。但在一次法国探险行程中，著名的动物学家柯依（Quoy）和盖马尔（Gaimard）先生在南太平洋看到一群鲸鱼围绕着他们的轮船，这些鲸鱼就具备上面这个额外的特征，多出来的那个鳍长在它们的后脑勺上。这是一个很好的例子：优秀的博物学家发现了一种最不寻常的鲸鱼的存在，而人们始终未发现这种鲸鱼的尸体或骨架。

最后一个例子来自我的亲身经历。当时我正乘船前往牙买加，地点是北纬 19 度，西经 46～48 度，在连续 17 个小时的时间里，我们搭乘的轮船一直被一群鲸鱼包围着，而这一物种显然是没有人描述过的。我有大量的时间观察它们，发现它们是 Delphinorhynchus，长 30 英尺，背部黑色，腹部白色，游动的脚掌是白色的，而脚掌周围都是黑色的——非常醒目的特征。这不可能是阿弗尔的无牙鲸鱼；也无法错认为其他种类的鲸鱼。这种体型巨大的鲸鱼在北大西洋数量庞大，却一直没有其他科学人士见到过。

仅仅因为没有发现所谓的海蛇的遗骸，就否定如此多的关于此类生物的证言，这不是太武断了吗?

最后，我要表达我自己的坚定信念，即世上存在某种体型庞大的海洋生物尚未进入动物学的类别之中；而且我强烈相信，它具有与蓝色石灰岩中的孔调亚纲化石相似的属性。

第十二章

未知的

乐透伊兰特（Letouillant）在其《东方行记》（*Travels in the East*）中告诉我们，每当他来到一座大山面前，每当他在远处眺望一道山脊，他总是抑制不住一探究竟的渴望。他心中总会升起一种不合理的想法，认为那里会有自己从未遇过的有趣和快乐之事。这种强烈吸引力的原因就在于它是未知的：想象力能为没探索过的土地赋予一切想得到的美和趣味，赋予一层光环，一层希望之光。

远方为风景献上层层诗意

将黛青色的光晕笼罩在群山之上

这一原则承载着户外博物学家最大的快乐之一。他所追求的事物如此纷繁多样，不论什么时间什么地点，它们的出现总是伴随着巨大的不确定性，因此希望总是如影相随。他在出发前并不知道自己能见到什么；哪怕看到的东西不及预期，他也总是坚信，未来一定有其他惊喜在等着他。如果探索的对象是一个未开发的新国度，这种笼罩在博物学收藏家心中的对于未知的浪漫感情就会更加强烈。我自己的宿命是在一些科学基本未触及的地方（我自己则完全一无所知），探寻动物学的方方面面。在一座繁茂的热带岛屿上，比如牙买加，大自然的多样性与美丽无与伦比，而且一年四季，尽管存在变化，动植物的活动从不会停止，每天的收获都足够新奇，足以撑起对明天的期待。每天清晨的准备工作都十分享受，因为外面有太多我闻所未闻的好东西，充满了无以名之的希望；每个白天的体验，以及每个夜晚看着爱不释手的宝贝，都和以往的具体经验有巨大的差异，新奇感从未褪去。如果沿着海岸步行，看着潮起潮落，不停变化的层层海浪，千奇百怪的岩石，数不清的小池塘、裂缝、凹槽、悬崖、洞穴，潜水中的鱼群，淤泥中敏捷而警惕的甲壳动物，水草间的贝类软体动物，沙地上的棘皮类动物，珊瑚上的植物形动物，所有这些新鲜事物层出不穷，令人目不暇接。如果我带着标本箱、捕虫网和猎枪进入山林，会有更多令人愉快的不确定性在等着我，唯一确定的是物种丰富的程度一定会让我眼花缭乱。一株美丽的寄生兰花在空中洒下芬芳，它总是出现在大树的枝杈高处，我们会讨论能不能摘到它，不论希望还是担忧都会让我们兴奋不已。接着，我们会努力制作一些工具，砍下一根根支柱，用森林中的藤蔓把它们绑起来。最终，我们够到了那株植物，并将其摘下，然后完好地包起来，充满胜利的喜悦；且慢！仔细端详后，我们竟在其中发现了一只精美的螺旋贝壳，贝壳里的蜗牛房客还趴在兰花的叶子上。不一会儿，一只绝美的蝴蝶从荫翳处飞出来，令人耳目一新。接着，我们就进入兴奋的追捕时间，又失望地看着它消失在一丛密林中。很快，它又再次出现，再次让人眼前一亮。我们望着那对可人的翅膀上下翻飞，却触不可及。我们耐心地等它飞下来，我们看见它落在了一朵花上，于是蹑手蹑脚地走上前去，屏息凝神，举起了捕虫网，蝴蝶应声落网，我们激动不已地凝视它绚丽的翅膀。我们用颤抖的手指将其夹出，满怀仰慕之情，观赏着这个尤物。又走了一两步，一只翎羽绚烂的鸟从灌木丛中飞起，随即在枪声中落下；我们跑上前去，在灌木和苔藓中间寻找猎物。然后惊叹不已地将它包在了保护性的圆锥纸套中。接着，眼前出现一棵精美绝伦的蕨类植物，又出现一株美丽无比的花朵，我们上下搜寻成熟的花种。接着，我们看到一只闪亮的甲虫警惕地爬行在地衣树的灰色树干上；这边有一只正大快朵颐的毛毛虫；那边有一只蜂鸟飞舞在绚丽的花丛中；这边又有一只同样绚烂的雌鸟停在它微小的巢穴里。不一会儿，我们来到一个地点，不知出于何种原因，这里的昆虫尤其丰富：十几种不同种类的蝴蝶来回翻飞，美不胜收。短短一个小时，我们的采集箱已经装满了一半。与此同时，我们又打下了两三种鸟，捉到了一只很漂亮的蜥蜴，看见了一只色彩绚烂的树蛙，但被它溜走了，留待日后再捉。我们还在石头下面采集到了一些难以描述的古怪生物；从一张蛛网上捉到了漂亮的蜘蛛；采集了一大堆有纹路的贝壳——一天就这样持续下去。到了晚上，我们张大渴求新意的眼睛迎接一场盛宴，将每个生物安置好，做一些准备工作，记下它们的捕捉地点和习性，为万物的历史做一些补充。

下面，我要离开我自己的经验，把目光转向拥有类似喜好和追求的人，他们探寻了一些更加丰富多彩的地区。让我们来聆听贝茨先生的故事，过去 11 年里，他为博物学这门学问，探索了南美洲的核心地带，并主要献身于亚马孙大峡谷一带美妙的昆虫学研究。他描绘的每一天的工作流程，令一位兄弟博物学家艳羡不已，几乎要打点好行李，翻开《泰晤士报》的航运专栏，查找下一班前往帕拉的轮船了。

这座国度的美丽与荣耀是其丰富的动植物产品。对它们的研究是一项没有尽头的征程！你要知道，说到植物学，在森林里几乎没有两株一样的树会长在一起。与温带国家（欧洲）不同，那里有整片的橡树林、桦树林或松树林，而这里是一整片浓密的丛林，千奇百怪的高大林木被攀爬植物缠绕在一起，树干上结满五花八门的蕨类植物、铁兰属植物、白星海芋属植物、兰花等。较低的林木中有一些年轻的树木，形形色色的小棕榈树、含羞草、树蕨等；地面上则积满掉落的枝条，粗大的树干上爬满寄生植物。动物居民同样千奇百怪、不计其数，构成一幅喧腾的画面；你需要一些时间，才能对它们的数目产生一些概念。你总能见到四五种猴子。鸟类千奇百怪，很难找到两三只一样的。有一天，你见到一只咬鹃。第二天又见到一只，第三天，第四天也只能见到一只，而且每次都是不同的品种。四足动物或蛇很少见，但蜥蜴到处都是；有时还能见到乌龟、树蛙和各种昆虫，与鸟类一样，它们也不会以单一品种成群结队地现身；比如，你一天捉到了十几只天牛，它们几乎一定属于八九个不同品种。在方圆两英里的范围内工作一年，也很难把握到其中生存的大部分物种。

“这就是我目前的劳动场景，亚马孙的其他地方也都差不多，只是物种没这么丰富；只有塔帕若斯河不一样，那里是一座山国。我的工作就在手边，下面说一下工作流程。我的房子位于镇中心，即便如此，走到森林也只要几分钟。我有两位仆人，一老一少，有了他们，我不用再操心吃饭的问题，可以全身心投入在工作之中。早晨 9 点到 10 点，我会做好去森林的准备；一件彩色衬衫、一条裤子、一双短靴和一顶老旧的毛毡帽就是我的全部穿着；左肩膀上挂着一杆双筒枪，我会上好膛，一边装10号子弹，一边装4号子弹。右手拿着捕虫网，左侧挂着一个皮袋子，此外还有两个口袋，一个装昆虫箱，另一个装火药和两种子弹。身子右侧挂着‘猎物袋’，比较花哨，有红色的皮革装饰，此外还有用来悬挂蜥蜴、蛇、青蛙或大鸟的皮带。这个袋子里有个小口袋，装着我的火帽。另一个装着用来包裹精致鸟类的纸。其他分别装着垫絮、棉花以及灰泥粉盒子。还有一个用来装小型鳞翅目昆虫的盒子（配有湿木塞），用来装我衬衫上别着针垫和六种不同尺寸的针。走入森林几分钟后，我就来到荒野的中心。在我眼前，只剩下绵延数百英里的森林。森林边有很多蝴蝶，我很快就在翻飞的蝴蝶群中分辨出了我心仪的一种，常常是新物种，Erycinide、弄蝶（Hesperia）、灰蝶（Thecla）等。至于甲虫类，一开始看不到太好的：几只微小的跳甲虫（Halticae）趴在叶子上，或小的象鼻虫，或肖叶甲虫（Eumolpi）。当你来到新倒掉的树木旁边，很快就能近距离捕捉它们。不只是以木头为食的物种，形形色色的物种都会聚集在这样的地方，在层叠的落叶间可以找到Agras和Lebias，大个的冠螺（Cassidae）、大蕈甲虫（Erotyli）、Rutelae，或鳃角金龟（Melolonthids）、Gymnetis等，常常还能看到Ctenostoma爬在一根细枝条上。只有特定天气下能看到甲虫，有时似乎一下子都不见了。”

“在我关注这一切的时候，经常能听到鸟儿在头顶欢唱，美丽的莺类或其他鸟类。当它们在树梢上时，你看不到它们的红色、深蓝色或绿宝石色；你需要几个月的经验才能分辨出那些鸟来，有时，我开枪射下树上那些小小的、看不清楚的鸟，落下来后，它们精巧的美感才让我眼花缭乱。”

“我会闷头向前走大约 1 英里，然后徘徊在一些物种丰富的地带，也经常会四处乱走。我一般都在下午 2 点回到家，此时已精疲力竭，吃完晚餐，我会躺在吊床上读一会儿书，然后开始整理战利品；一般会持续到下午 5 点。晚上，我饮完茶，就开始写作和阅读，一般 9 点就上床了。”①

我也可以摘引一些华莱士先生信件里的类似片段，是他在同一座大陆的相邻地区探索时写下的。不过，基于我们的主题，我更愿意引述他在已经对西方了如指掌，转向五彩斑斓的东方后做出的观察，他探索了印度群岛最偏远地带的无人触及的宝藏。他写道：“我带着纯粹的满足感，期盼着到访那座丰富的、几乎未开发的香料群岛，那里是猩猩、鹦鹉和白鹦的土地，是鸟类的天堂，是乌龟壳和珍珠的国度，是美丽的贝壳和罕见的昆虫的领地。”谁会不为这样的热情所打动呢？而在到访了那里后，在他为橱柜搜罗了当地的丰富物产后，他的目光依然眺望着太阳升起的地方，未知的巴布亚群岛的五彩斑斓的物产灼烧着他，他写下了无以名状的期望：

“我要再往东行进 1 000 英里，前往阿鲁群岛，那里距新几内亚海岸不到 100 英里，是印度群岛最东边的岛屿。目前，吸引我来到这么远的地方的原因很多。而为了躲避此地可怕的雨季，我必须要去往别处。我一直很期待前往阿鲁，这也是我来到东方最重要的目的之一，而几乎所有与阿鲁的贸易往来都要经由马加撒。我有一个机会，可以搭乘快速帆船前往，一个爪哇出生的荷兰人是那艘船的船主和船长，他会带我过去，再接我回来，并帮我在那里找一间房子，而且他去的时间正是我想

① 《动物学家》(*Zoologist*)，第 5659 页。

离开的时间。另外，我在此地也有朋友，可以把不想携带的东西托付给他。所有这些有利条件恐怕不会再同时出现了，如果我拒绝此次机会，大概这辈子都去不了阿鲁。要知道，那里是最靠近新几内亚的地方，我可以留在岸上，工作环境也绝对安全，如果这次不去，日后一定追悔莫及。至于我能在那里得到什么，完全无法预料。作为一些小岛群落，来自新几内亚的千奇百怪的物产当然都在愿望清单里。不过，我想我也可以期待通过某种方式，获取那个未开发国家的奇异而美丽的自然物产。很少有博物学家去过阿鲁。曾经有一两艘法国探险船只到过那里。布鲁塞尔的帕扬（Payen）先生去过，但只停留了几天；而且据我所知，我们了解当地的鸟类和昆虫标本还不到 20 种。因此，我几乎是在开辟一片新领地，如果身体健康，我可以好好工作，我带了三个人和我同去，其中两位会射击和剥制鸟皮。”①

这样的人能快速探索人迹未至的土地，为我们的博物馆和橱柜采集来每一块土地上的博物收获。如今，我们几乎已经了解地球上每一片地区的标志性生物，尽管还有大片大片的土地尚未开发，而且这些都位于物种最丰富的气候地带，但通过周边或临近地区的物产，我们已经能相当肯定地推测出它们能产出什么生物，至少能推测出生物的类别，尽管如此，那些地方仍有大量的新奇事物有待探索。试想一下，一位最热情、最不知疲倦的昆虫学家，在同一片地区（亚马孙谷地）生活了 11 年，将全部的时间与精力投入在搜寻蝴蝶上面，但他依然能发现层出不穷的新物种，而且势头不减，每一片到访的小地方，尽管距离上一个地方只有几英里，却拥有各自独特的、虽然相近的物种，有鉴于此，我们

① 《动物学家》（*Zoologist*），第 5117、5656 页。

对于南美洲几乎无边无际的森林中到底还能产生多少科学发现，对于未知昆虫的多样性和丰富性，或许能有一个大体的概念。

而在所有这些五彩斑斓的物种中，我们几乎只能发现一些已经被认知的类属中的新物种，这会构成我们不懈努力的奖赏。捉到一只完全与众不同的蝴蝶，并构成一个全新的类属，这样的情况会非常罕见，而一个全新科属的出现则几乎是完全不可能的。

但我还是要说，这片广阔的区域虽然只有很小一部分地区得到了优秀的博物学家的探索，但我们可以在一定程度上确信，已经完全不会有大型的哺乳动物，也几乎不会有任何醒目的鸟类，还会加入已知物种的清单了，只会有一些有特色的和较大的群组，还可能出现一些额外的品种，比如咬鹃、唐纳雀、巨嘴鸟或蜂鸟。与此同时，我们也大可相信，还有许多小型哺乳动物，以及大量色彩黯淡的鸟类，有待发现。

但或许有可能存在一种尚未被动物学家发现的大型类人猿。亨博尔特在上奥里诺科的大瀑布一带听说有一种“浑身长毛的森林人”，据称，他们会建造茅舍，掠夺女子，还吃人肉。前两项特征很像非洲的大型类人猿亚目，但是，除非这一信仰从一座大陆传到了另一座大陆（可能性很小，毕竟那个报告的地点位于委内瑞拉森林的最深处），他们的引用为这一说法带来了一定程度的权威性；而根据第三个凶残特征，我们可以自然推测，这一物种很像大猩猩。当地的原住民和传教士都坚信这一可怕生物的存在，他们称之为 vasitri，即“大魔鬼”。亨博尔特大胆地称之为“无稽之谈”，他认为它可能是“一种大型熊类，其脚步类似于人，并且据信，熊在每一个国家都会攻击女性。”他似乎也自诩为唯一一个对美洲大类人猿提出质疑的人。但反过来，我们也可以提问，到底有什么“大熊”栖息在委内瑞拉？另外，熊的足迹是否真的与人非常相似？同时，这种熊还专门攻击女性。这样一来，这种栖息于南美洲的熊岂不是和那种猴子本身一样会没来由地招惹人类？由于灵长类动物是那片地区的森林里的典型物种，难道不会存在一种在体型和力量上与人类相当的动物吗，就像在非洲和东印度群岛一样？大猩猩本身也是刚刚才进入我们的认知。

东半球那些几乎与大陆相当的广阔岛屿，爪哇岛、苏门答腊岛、婆罗洲，以及首当其冲的巴布亚岛，其中未知动物的数量恐怕不亚于西方大陆。不过，上面的说法同样适用于此，即我们可能会发现一些已知类属中的新物种，而不会发现任何全新的类属。还有，澳洲大陆近一半的土地都位于热带，那些地方对于博物学家而言安全是处女地。但是就我们所知，澳大利亚的动物种类相当贫乏，因此我们对那里的新奇不能有太多期待，虽然它是一个如此广阔的热带国度。不过，一些有袋哺乳动物的新类属，以及大量的鸟类和爬行动物，或许仍有待人们的发现。巴比亚如果真的是一片相连的陆地，而非一片群岛的话，那里将是博物学家在这一带最可能大展拳脚的地区：这是一片希望之地，幅员辽阔，覆盖着森林处女地，产出着世界上最瑰丽的鸟与昆虫，然而，外界对它的了解仅限于对少数海岸地区的蜻蜓点水式的观察。可以想见，经过认真的探索，我们会有了不起的发现。我们也不禁期望，前文提到的充满渴望的华莱士先生能找到机会，平安地实现他的心愿。

中国内陆是一片很少被欧洲人见证的广阔地带，而且毫无疑问，那里的山区尤其充满科学尚未了解的丰富的动植物种类。但由于中国人口众多，且吃苦耐劳，每一寸可耕种的土地都得到了开垦，这些因素很不利于野生动植物的生存。

华莱士先生在巽他群岛的龙目岛（距赤道只有几个纬度）抱怨过农业开垦与博物学的势不两立："方圆几英里内，除了灰尘仆仆的马路和稻田外，别无所有，没有任何值得采集的昆虫和鸟类。情况相当惊人，我们的很多国人可能会难以置信，这样一座热带国家，经过开垦后，竟然会让采集者如此扫兴。在英格兰，哪怕最恶劣的采集地点，也能采集到十倍于此地的甲虫品种；连最普通的英国蝴蝶，也比当前旱季的雅姆帕纳姆（Ampanam）这里的更好和更多。"我拿着捕虫网行走了几个小时，只能捉到两三种叶甲虫（Chrysomela），以及瓢虫，以及一种虎甲虫，还有两三只半翅目的昆虫和蚊虫，而且每天都会看到同样的物种。之后我前往岛屿南部的未开垦地区，确实发现了更多昆虫，但两个月的辛勤采集也只收获了 8 种甲虫。为何会如此呢，要知道在英格兰的春天，随便花上几天，不论在哪里都能收获同等数量的品种[①]。

日本的情况大概也一样。印度半岛的远端也只是稍好一些。但最后这片广阔的地区有很多山林，很多大江大河，而且覆盖着森林，所有这些因素都很适宜于博物学。但当地政府相当戒备，往往不允许欧洲人进入那些地区，因此，我们可以合理推测，在交趾支那、柬埔寨、暹罗、老挝以及缅甸等广阔的热带国度，仍然有许多重要的发现等着我们。在这些地区，大象的体量冠居全球，两角犀牛在丛林中游荡，樟脑和牙胶肆意生长。

马达加斯加是另一片希望之地。这里同样充满山川森林，环境适宜，而我们对其内陆几乎一无所知。那里似乎相当缺乏大型哺乳动物，但埃利斯先生近期的调查显示，当地的植物种类千奇百怪，那里无疑也

① 《动物学家》（*Zoologist*），第 5415 页。

会是许多未知的鸟类、爬行动物以及昆虫的家园。

非洲是野生动物的国度。体型最庞大的陆地动物都栖息在这片大陆上。大象、河马、几种犀牛、斑马、斑驴、长颈鹿；还有很多种羚羊，其中一些体型巨大；水牛；大猩猩、黑猩猩、山魈以及其他种类的狒狒和猴子；狮子、黑豹、花豹；这些仅仅是非洲的平原和森林中生存的一些体型尤其巨大的四足动物。那里人口稀少，开垦的土地也很少；整个地区纵贯60个纬度，被赤道一分为二，同时（其最狂野的部分）横跨众多经度；其中大约四分之三的领地，直到最近才开始出现欧洲考察者和传教士的松散足迹——在这片广阔、原始、可怕的土地上，在中部非洲熙熙攘攘的荒野之中，到底栖息着什么我们未曾预料的物种呢？那里的丰富性或许不及第一印象那么强烈。利文斯顿从南往北，以及巴尔特（Barth）等人从北往南的探险行程，大大缩减了我们一无所知的范围，但很不寻常的是，这些探险几乎没有给我们带来对这座大陆的任何博物学新知。在动物学层面，最重要的新近发现无疑就是大猩猩；但这一发现并非得益于地理上的扩张，因为此类动物一直栖息在一条狭长的森林海岸地带，数百年来，欧洲贸易者经常到访那片地带。的确，前文提到的先驱者们并非严格意义上的博物学家；而他们的直接目的也并非发现新的动物物种；不如说，他们更愿意尽可能躲开那些未知的凶残动物的肆虐之地；但是，尤其是利文斯顿博士，他经常遇到那些我们已经知道的一些物种，同时，他也非常爱寻根究底，因此，在他所探索过的地区，应该不会有什么别样的大型动物存在。

因此，我倾向于相信，不论在非洲动物学层面会出现什么样的重要发现，一定都会出现在非洲最核心的地带，即乍得湖和阿比西尼亚以南、赤道以北的地带。有理由相信这片地带存在一些高大山脉，而地理探索尚未触及那里。或许有很多非常有趣的物种（其中一些体量巨大）还藏在那里。

有一种古代的著名动物，也是英格兰人尤其（或者应当）感兴趣的一种动物，很有可能就栖息在上面提到的那个地带。我说的就是不列颠盾牌上的一种动物，举世闻名的独角兽。诚然，真实的独角兽或许不会和艺术家们喜欢描绘的图形（介于马和鹿之间，蹄子分叉，尾巴尖上有一簇毛，头顶有一只螺旋的尖角）一模一样；但有可能存在一种原型动物，经过世世代代的讹传后，变成了如今图案中的样子。

安德鲁·史密斯博士是一位冷静而卓越的动物学家，他对于南非动物学孜孜不倦的调查取得了巨大成功，他收集了关于一种欧洲人尚不知晓的独角动物的大量信息，其外形大概介于体型巨大的犀牛和体型较小的马之间。拉巴特（Labat）曾转述过，卡瓦西（Cavassi）在刚果听说有一种此类动物，被称为 Abada；拉佩尔（Ruppel）则提到在科尔多凡经常有人提到这种动物，人称 Nillekma，有时也称 Arase——即独角兽。弗里曼（Freeman）先生是一位卓越的传教士，他的名字与马达加斯加紧密绑定在了一起，他曾听一位来自莫桑比克以北的博学之士说起过此类动物，而且说得非常具体。据这位目击者称，一种名为 Ndzoodzoo 的动物在马库阿（Makooa）绝不罕见。其体型近似于马，跑得飞快，且十分强壮。其前额伸出一只独角，长 2～2.5 英尺。据称，这只角在睡眠时是活动的，可任意弯曲，如同象鼻，愤怒时则会变得坚硬无比。此类动物非常凶残，有人靠近时，一定会展开攻击。而原住民为逃脱它的怒火，一般会爬上一棵粗大的树，躲开它的视线。只要这个被激怒的动物看不到它的敌人，过一会儿，它就会快步离开。但如果它在树上发现逃跑者的身影，它会立刻用那根前角对树干展开攻击，不停地钻磨，直到大树倒掉，届时，那个可怜的人将必死无疑。树干只要不够粗，那个锲而不舍的动物一般都能推倒它。它会把满腔怒火发泄在对尸体的蹂躏上，但它从不吃人。此类动物的雌性完全没有角[1]。

在热带地区探索时，史密斯博士本人也听说在那个纬度圈以北的国家栖息着一种类似的生物。宣称见过它、很熟悉它（以及另外一种与R·凯特罗阿（R. Keitloa）关联的新的犀牛物种）的一些人，只是去往据称它所栖息的国家的访客，因此关于此事没有任何确凿的证据。不过，根据描述，那种犀牛和他们见过的任何犀牛都不同，一只长长的独角竖在前额的上方。随后，史密斯博士引述了弗里曼先生说的细节，提供了下面的观察：

“现在，虽然此类人士的描述常常不够准确，因为他们所处的位置很难做出准确的观察，而且，语言的缺陷让他们很难准确传达所知的信息，但我总是说，哪怕只是仓促的观察，相比文明人而言，野蛮人能对动物的整体特征留下更清晰的印象。因此，对于这些尚未被发现的物种，我并不感到绝望。而涉及独角动物时，我们对于直接采信他们的说法尤其踌躇不决。我们可以用来自这个国家另一个地区的人的证言作为佐证，这些证言由一位在马达加斯加居住时间很长的拥有卓越研究能力的传教士收集和发表。”[2]

野蛮人给出的粗糙画像，往往会忠实描绘出它们熟悉的那种生物的显著特征。J·巴罗（J. Barrow）爵士在非洲旅行时，曾得到过一只独角兽的头像，与上文描述的ndzoodzoo很像，这幅头像拷贝自一座洞穴里的卡非人的炭笔画。这幅画的作者是丹尼尔（Daniell）；汉密尔

---

① 《南非基督教记事报》（*South Afr. Christian Recorder*），第一卷。
② 《南非动物学画报》（*Illustr. of Zool. of South Africa*）。

顿·史密斯（Hamilton Smith）上校曾经提到，他在这位画家的作品中还看到过另一幅拷贝自非洲洞穴的壁画。画面非常写实，其中有几只该国常见的羚羊，如大角斑羚、猸羚和跳羚；在它们中间，有一个动物的头部和肩部鹤立鸡群，基本外形类似于犀牛，体格较野牛轻盈，弓着颈项，一只鼻子状的长角，如军刀般刺向天际。“这幅画，”上校观察道，“无疑仍然在世，应当公之于众，发表出来；但是，要确认上述说法存在一定的真实性，或许可以把目光转到我们的大英博物馆，我们相信，该馆的一只购自非洲的角不同于所有已知的犀牛物种：它非常光滑，非常坚硬，长约 30 英尺，上下几乎一般粗，最粗的地方直径不到 3 英寸，最细的地方不小于 2 英寸，顶端较尖细：从其狭窄的底座、不寻常的长度和重量来看，这角一定是立在鼻骨上的，而且可以活动，每当兴奋时，肌肉的力量会让它变得更加坚挺，支撑它的皮革底座会更牢固——这或许也呼应了原住民经常表达的说法，即这只角，或说构成这只角的凝结的毛发，是可以活动的。”

更近期，同类记述抵达了欧洲，证实了前文的说法；但依然只是传闻的消息。安托万·达巴迪（Antoine d’Abbadie）先生在开罗写信给 *Athenaeum* 杂志，提到一种欧洲科学闻所未闻的动物，相关信息来自刚从科尔多凡返回开罗的冯穆勒男爵（Baron Von Muller）：“我有时会在科尔多凡的梅尔普斯逗留，做一些采集工作，1848 年 4 月 17 日，我认识了一个后来常卖给我动物标本的人”。有一天，他问我想不想要一只 A’nasa，他是这么描述的：其大小和小驴子相当，身材厚实，但骨骼细小，毛发粗糙，尾巴很像野猪。前额长着一根角，独自待着时，角就耷拉在额前，看到敌人后会马上竖起。这是强大的武器，但我不知道它的实际长度。A’nasa 出现的地方离梅尔普斯不远，在西南偏南的方向。我经常在野地里见到这种动物，黑人会杀死它，带回家，用它的皮革制作盾牌。

“N · B 很熟悉犀牛，他称它们为 Fetit，以与 A’nasa 区分。6 月 14 日，我在科尔多凡的库尔西遇到一位奴隶商人，他不认识前面提到的那个人，但他也向我同样描述了 A’nasa，他说自己前不久还杀死并吃掉了一只这种动物，很美味。”①

与非洲中心地带几乎同样不为人知的还有海底深处。眼睛穿透澄净晶莹的海面，在几英寻的下方，披甲的、闪光的动物往来穿梭；捕捞船收集它的碎屑；潜水员潜入看不见的深处，带回珍珠；测深铅锤不停下落、下落、下落，持续数百英寻，而当它浮出水面时，我们目不转睛地看着有什么附着在其动物油脂的“武器”上面；微小的贝壳，硅藻细胞，甚至珊瑚砂的粒子。但是，它终究很像希腊的傻瓜们随着携带的砖石，作为不得不携带的房屋的样品。

谁能刺入深深的海底，追踪那些闪光的披甲生物的笔直航线？这些轨迹就像一束束的光线。谁能跟随它们去往那些岩石的海床或珊瑚的洞穴？流浪的水手们满眼放光地看着成群的飞鱼钻出水面，后面跟着飞速追逐的鲣鱼；但没人说得清楚，当没有敌人追逐时，飞鱼在干什么，或者，当猎物不在前方时，鲣鱼在干什么？深不见底的海水中究竟隐藏着多少夫妻与天伦之乐，我们完全不知道：它们有什么独特的自我保护工具；它们如何隐藏卵和后代；它们有什么样的攻击和防御技巧；什么样的手段和计谋；什么不同的精明、远见与在意的事；有什么独特的本能开发——谁说得清呢？

---

① *Athenaeum* 杂志，1849 年 1 月。

水族箱确实大大拓宽了我们对海水中的有趣生物的认识；通过这种方式，已经有不少此类物种的习性和本能被写入了动物传记，为我们所熟悉。毫无疑问，未来借由同样的手段，我们会了解越来越多的相关知识；但是，仍然会有一些秘密是水族箱无力揭露的。它天生只能应对体型较小且满足于少量自由的动物；对于各种大型的、难以掌控的、行动迅疾的、一头扎入深海的物种，以及数不清的微小生物，对于它们的组织结构而言，封闭在一个空间里只会加速死亡，我们要想熟悉此类生物的习性，只能诉诸其他手段。

的确，我们可以收集大量单独的物种，因为偶尔会有各种意外，为我们带来一些深海的物种，我们可以借此拼凑出一幅想象的画面。施莱登（Schleiden）就做过这件事，他提供了一份生动的描述。对此，我们只能暗自叫绝。我不是要扫大家的兴，我也很钦佩：——但是请记住，这终究只是对未知世界的一种幻想的描绘；它只是“基于事实”，但并不是事实。

他写道，“我们潜入印度洋晶莹的海水中，它为我们打开了最奇妙的儿时梦想的童话世界。奇异的灌木丛中生长着活的花朵。茂密的脑珊瑚和海花石丛与 Explanarias 多叶的杯状扩展形成鲜明对比，还有四处分叉的石珊瑚，一会儿像手指般伸展开来，一会儿像柱子般耸立起来，一会儿又展现出最繁杂、最优雅的枝杈。色彩胜过一切：亮丽的绿色，穿插着棕色或黄色；鲜艳的紫色，从浅淡的红棕色到最深邃的蓝色。明亮的玫瑰色、黄色或桃红色的钙质水藻从腐烂植物的废墟中生长出来，并与 Retipores 珍珠色的底盘交织在一起，仿佛最精巧的象牙雕塑。离近了看，黄色和丁香色的扇叶摇来摆去，镂空精巧，仿佛高格尼亚斯（Gorgonias）的格栅作品。”海底澄澈的沙子上衬托着千奇百怪的生物，五彩缤纷的海胆和海星。叶状的 Flustras 和 Escharas 如苔藓地衣般附着在珊瑚枝杈上；黄色、绿色和紫色条纹的帽贝仿佛怪诞的胭脂虫一样附着在珊瑚的茎干上。仿佛巨大的仙人掌花，闪烁着最璀璨的色彩，海葵在破碎的石头上伸展着它们的触手之冠，或低调地装饰着海底，仿佛铺上一层斑驳的毛茛属花朵。珊瑚丛的花朵周围嬉戏着海洋中的蜂鸟，一群群的小鱼，闪烁着红色蓝色的金属光泽，或金绿色的光彩，或最亮丽的银色光辉。

柔弱的奶白色或浅蓝色的水母，仿佛海底深处的精灵，浮游在这个魅力无穷的世界。这边，闪亮的紫色和金绿色的伊莎贝尔，火焰般的黄色、黑色和朱红色条纹的科凯特，追逐着它们的猎物；那边，背点棘赤刀鱼像蛇一样窜来窜去，穿过浓密的珊瑚丛，像长长的银丝带，闪烁着玫瑰和天蓝的色调。那边游来了帅气的乌贼，装饰着七色彩虹的颜色，但没有明确的轮廓，时隐时现，自我交叉，一会儿三两成群，一会儿各奔东西，令人眼花缭乱；一切都在快速变化，在每一阵微风中，海面的光影如流光溢彩，美不胜收，而当日影西斜，海底被夜幕的暗影笼罩，这片美妙的花园又会点亮新的光华。无数的光点闪烁，到处是微小的水母和甲壳动物，仿佛萤火虫在幽暗中舞动。海鳃在日光中呈现朱红色，此时则显出浅绿色的身姿，并散发磷光。每一个角落都光彩熠熠。有些在白天黯淡无光、躲在视线以外的部分，此时散发出了最绚丽的绿色、黄色和红色的光芒；而为了让这迷人的夜色更加动人，6 英尺外的银色圆盘——游动着的月亮鱼（矛尾翻车鲀），在密布的点点繁星中散发出微弱的光芒。

“热带地区最繁茂的植物景观也无法媲美这里的丰富性，它们在色彩和多样性方面远远不及眼前的花园景观，更奇异的是，这座花园完全由动物构成，而非植物；温带地区海底的植被发展十分富饶，而海洋动物的完整性和多样性，与热带地区同样显著。一切都那么美丽、奇妙，千奇百怪的鱼类、棘皮动物、水母、珊瑚虫以及软体动物，拥挤在热带温暖晶莹的海水中，休憩在白色的沙子上，覆盖在陡峭的绝壁上，一层又一层，仿佛寄生动物，覆盖在先来者的身上，或游动在深深浅浅的海水中，相比之下，植物的数量则少之又少。”尤其与此相关的是，依照陆地上适用的法则，动物世界能更好地适应外在环境，因此比植物王国的扩散性大得多——在北冰洋，即便一切植被的痕迹早已消失在永恒的冰封中，海水中连海藻都没有，但却充满了鲸鱼、海豹、海鸟、鱼类以及数不清的低等动物——而这一法则，我要说，同样适用于海底深处；因为当我们下潜时，植物消失的速度远比动物消失的速度快，即便在光线无法刺入的海底，测深铅锤带回的东西至少证明那里还存在活的滴虫[①]。

当一个人看着船舷外面晶莹剔透的海底深处时，怎么会不产生前去一探究竟的欲望呢？即便在我们自己的海岸，看着繁茂的海带或翅藻的丛林，来回摇曳着巨大的棕色叶片，看着贝类在其间游动，看着绿色和玫瑰色手指的海葵像花朵一样盛开，而尖嘴鱼缠绕其间，美丽的隆头鱼往来穿梭，身上点缀着鲜红色和绿色——这样的景象经常让我赞叹不已。

“没有什么能比北海澄澈无比的海水更惊艳了，”阿瑟·德卡佩尔·布鲁克爵士说道，“当我们缓缓划过海面，看着海底深处，有些地方是白色的沙地，一切最微小的对象都清晰可见，深度可达 20～25 英

① 施莱登，《讲义》（*Lectures*），第 403-406 页。

寻。在我的整段航行中，没有什么比映入眼帘的海底景观更非凡的了。海面没有一丝微风，船桨轻柔的拍击也掀不起太多涟漪。我趴在船舷上缘，怀着惊奇与喜悦的心情望着下方徐徐展开的景观。海底深处是一片沙地，形形色色的海星和海胆，乃至最微小的贝壳，都清晰可见；海水似乎成了某种放大镜，将物体一一放大，一切都好像被拉近了。"船只缓缓前行，我们看到在非常深的地方，有一座崎岖的山峰朝我们耸起，山脚大概藏在数英里外的海底深处。我们虽然在水平面上行进，但感觉却像在攀登脚下的高山；当我们越过它的顶峰时，它似乎距船底只有几英尺之遥，接着我们就开始了下山行程，但这一侧山峰陡降，直上直下，我们俯瞰着一片水湾，轻轻滑过山峰最后的端点，仿佛将自身从悬崖高处推了下去；这种错觉源于海水的晶莹剔透，它为我们提供了一个起点。不一会儿，我们再次来到一片平原，缓缓经过水下一望无垠的森林与草原；其中无疑栖息着成千上万种人类一无所知的动物，它们在这些森林与草原中寻找食物与庇护；有时，我能看到一些巨大的鱼类，外形奇异，缓缓穿过水下的丛林，对头顶划过的物体毫无察觉。随着我们航行地越来越远，海底慢慢看不见了；童话般的场景渐渐远去，消失在了深绿色的海洋深处①。

① 《挪威行记》(*Travels in Norway*)，第 195 页。

索引

A

N

O

P

R

S